20个关键词、99个问题

拥抱新科技，我的第一本第四次工业革命入门书

我爱新科技：

改变未来的
20个前沿技术

[韩] 丁允宣 著　[韩] 禹延熙 绘

叶蕾蕾 译

中信出版集团 | 北京

你想象过未来的样子吗？

无人驾驶汽车在道路上穿梭，无人机在送比萨外卖，人工智能助手帮人们料理家务，我们通过虚拟现实技术去太空旅行！什么？听起来像是科幻电影里面的情节？这真的是发生在遥远未来的事吗？

每年，著名的经济学家和企业家们都会相聚在瑞士东部的达沃斯，一起探讨全球经济问题。在 2016 年的世界经济论坛上，专家们表示，上文中我们想象的那种未来已经拉开序幕了。无人驾驶汽车开始试运营，人工智能音箱可以为我们挑选音乐，VR 游戏（虚拟现实游戏）也被开发出来了。"第四次工业革命"已经开始了！

那么，什么是第四次工业革命呢？

工业革命是指科学技术的发展改变了人们的生活方式，使经济和社会发生巨大变化的过程。比方说，过去人们靠种地生活，随着蒸汽时代的到来，人口从农村移向城市，人们走进工厂，用机器生产商品。之后，人类依次进入了电气和信息时代，计算机被发明出来了，人们的生活面貌也随之发生了很大变化。再后来，人类又开发出人工智能，随着人工智能和信息通信技术的发展，人们的生活比以前更加快捷，也会发生更多变化，它将颠覆我们的想象，这就是第四次工业革命！

这些新兴的科技、新鲜的技术会给我们的生活带来怎样的变化呢？

　　目前，人工智能已经渗入我们生活的各个角落。专家认为，在未来的生活中我们还会用到更多的人工智能，包括用人工智能做难度较大的手术或在法庭中主持审判。如果人工智能可以代替我们去做那些困难和复杂的工作，我们的生活就会变得更加轻松和便捷。但是，也有人担心人工智能会夺走大部分人的工作岗位。如果是这样，我们在未来应该做些什么呢？

　　本书会告诉大家第四次工业革命将如何改变世界并介绍 20 个前沿技术。请小朋友们跟随书中出现的 20 个关键词，一起来了解我们的未来吧。书中有"区块链"这样的陌生词汇，也有"虚拟现实"这类我们已经在经历的技术；有"云计算"这种用肉眼看不到的东西，也有无人机在天空飞翔的有趣故事。当我们明白世界在未来会发生怎样的变化，自然就明白以后应该做什么了。

　　不要惧怕未知的未来。

　　孩子们的未来取决于今天。

　　擅长做准备的人，未来永远是光明的。

丁允宣

目录

 **第一部分** **什么是工业革命?**

 **第二部分** **20 个关键词**
了解改变未来的前沿技术

第三部分

消失的职业，新生的职业

第一部分 什么是工业革命?

煤炭带来的
第一次
工业革命

* **纺纱机** 把棉花捻在一起纺成线的机器

很久很久以前,人们从事农业生产,并随之开始了定居生活。耕种农作物以后,人们的食物变得丰富,生活也得以安定下来,慢慢形成了部落。后来,人们建立了国家,长期过着农业生活。当然,也有人靠抓鱼为生,还有人做一些东西在小商店售卖。总之,几乎所有人都要直接参与劳动。

后来,英国人发明了珍妮纺纱机*和蒸汽机车。蒸汽机通过燃烧煤炭来烧水,产生的蒸汽的力量可以推动机器运转。人们的生活面貌随之发生了很大的变化,手工劳动逐渐被机器代替。工厂里的机器源源不断地制造出很多商品,这些商品被装上蒸汽机车,沿着铁路卖给需要的人们。渐渐地,工厂需要更多的人来操纵机器。于是大量的人口不再务农,而是涌向城市。很多人不再种地了,而是开始卖机器制作的商品。人们把世界发生的这一变化称为"第一次工业革命"。

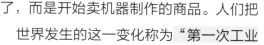

19世纪后期，用石油代替煤炭产生驱动力的内燃机*被发明了出来。人们不但可以乘坐蒸汽机车，还开上了由内燃机驱动的汽车。还有一个重要事件：发明家爱迪生改进了用电发光的白炽灯。这一过程被称为"第二次工业革命"。

随着电的普及，世界又一次发生了巨大的变化。人们用上了家电产品，工厂的机器也开始依靠电力运转。这一时期还发明了电话。蒸汽机车被逐渐淘汰，人们开始乘坐电力驱动的电车，又开发出化学染料，从此穿上了色彩更多样的衣服。

随着电力和石油逐渐为人们所利用，能够获得更高收益的家电、电气、汽车、通信等产业也逐渐发展起来。就这样，电力和石化技术又一次改变了人们的生活。

* **内燃机** 让燃料在机器内部燃烧，燃烧产生的高温气体带动活塞等零部件运动的装置

随着电子工程的发展，人们在信息通信领域取得了很多令人瞩目的成果。值得一提的是，计算机技术获得了飞跃式的进步。微芯片*被发明出来以后，原本大到可以塞满一整间房间的早期计算机变得小巧玲珑，可以直接放在桌子上使用。

很多家庭都有了个人计算机，人们还拥有了手机。由于信息通信技术的发展，工厂实现了自动化，可以生产出更多的东西。人类已经从用连续信号传递信息的模拟时代，进入了由电信号以 0 和 1 的数码形式传播信息的数码时代。计算机技术的发达为我们开启了数码时代，这就是"第三次工业革命"。

* 微芯片 **利用硅等材料制成的非常微小的计算机电路小基片**

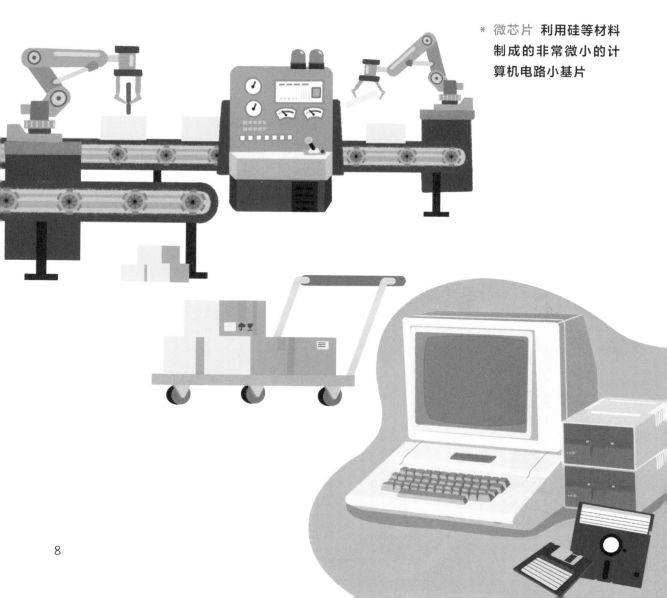

2011 年，德国最早提出了"第四次工业革命"的口号。当时德国的一些专家认为，现有的制造业已无法进一步提高生产效率，因此提出了"工业 4.0"战略。世界经济论坛 2016 年年会的主题便是"掌控第四次工业革命"。

经历了前三次工业革命之后，网络、通信等信息通信技术已经得到充分发展，计算机领域取得的成就尤其令人瞩目。计算机的核心部件微芯片的性能提速很快，每 18 个月就能翻一倍，后来甚至达到每 12 个月翻一倍的速度。

信息通信技术与人工智能、大数据、网络等领域结合后，获得了进一步发展，又与现有的其他产业相结合，逐渐实现了智能化。不仅是工业生产，社会、经济等人们生活的所有方面都发生了改变。人们把这一革命性变化称为"第四次工业革命"。

20 个关键词
了解改变未来
的前沿技术

人工智能
会思考的计算机

你能想象有人工智能医生的医院是什么样吗？令人惊讶的是，韩国的一家医院里已经有人工智能医生在治疗癌症患者了。这位医生的名字叫"沃森"。只要向沃森输入癌症患者的健康信息和检查结果，它就能快速、准确地为患者提供合适的治疗方法。据说，沃森医生治疗过的患者已经超过 100 人了，很了不起吧？

人工智能
(artificial intelligence)

人工智能是指像人一样具备学习、理解和判断能力的计算机程序。它能够理解人类所使用的语言，可以与人类沟通。因此被称为人工智能，即 AI。

问题1 机器会思考吗？

　　最早提出"会思考的机器"这一想法的人是数学家阿兰·图灵。阿兰·图灵也是第一个制造出类似计算机的机器的人。1956年，聚集在达特茅斯学院的科学家们也曾共同讨论过是否可以制造出会思考的机器。

　　计算机不是一开始就会思考，最初只能算是一种可以快速运算的计算器。不过，随着计算机技术获得快速发展，计算机也可以按照人类的思考方式来处理信息了。随着网络技术的发展，计算机程序可以收集和分析更多的信息，最终进化成可以像人类一样带着信息自主学习的人工智能。

> 计算机的发展非常迅速。比如说，现在我们使用的智能手机比1969年向月球发射宇宙飞船时使用的计算机的性能还要好呢！

问题2 人工智能战胜了世界冠军？

　　人工智能首次战胜人类是在1997年。计算机公司IBM的超级计算机"深蓝"在国际象棋比赛中战胜了当时的世界冠军。2011年，人工智能"沃森"在智力竞赛节目中获得了冠军。最让人震惊的事情发生在2016年。谷歌旗下的DeepMind*（深度思考）制造的人工智能"阿尔法狗"以4胜1负的成绩战胜了围棋世界冠军、职业九段棋手李世石。围棋是一款需要综合考虑各种情况的非常复杂的游戏，光是双方的第一手落子就有129960种下法。人工智能在如此复杂的比赛中战胜了人类，意味着人工智能比我们预想的还要聪明得多。

* **DeepMind 是发明 AI 程序"阿尔法狗"的英国人工智能开发公司**

问题 3 ## 阿尔法狗为什么那么聪明？

让我来告诉你阿尔法狗如此聪明的秘密吧。原因就是它懂得一种叫"深度学习"的学习方法。深度学习是像人的大脑一样学习的方法。阿尔法狗拥有像人脑一样的人工神经网络，它从 16 万场人类对弈的围棋比赛中学习下棋策略，然后通过多个人工神经网络对这些信息进行分析，找出并学习落子规则，同时学会预测人类专业棋手怎么落子。阿尔法狗与自己较量了 100 万次，不断提高水平，终于可以像人类棋手那样判断当前的局面，推断未来的局面。几周后，阿尔法狗结束了训练，最终战胜了李世石。如果人类用这种方法学习，可能要花上一千多年的时间吧。

著名的互联网搜索网站谷歌已可以从 1000 万张照片中识别出猫的照片。虽然对我们来说这是很简单的事情，但是计算机要区分人脸和猫脸并不容易。经过像阿尔法狗一样的学习过程，"谷歌大脑"终于学会了识别猫的样子。

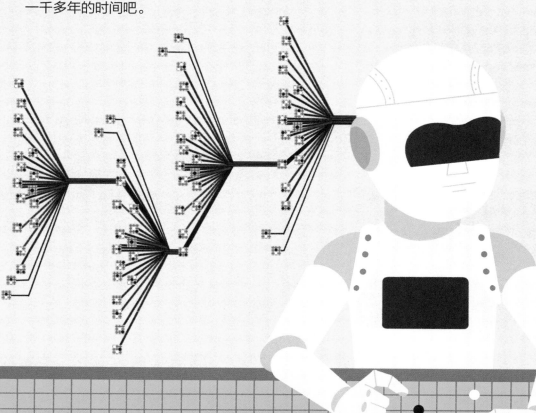

假如
......

　　还记得阿尔法狗战胜李世石的事吗？后来，阿尔法狗与名为"阿尔法元"的人工智能对弈，后者以 100 ∶ 0 的比分战胜了前者。据说，阿尔法元只用了 3 天的时间自学围棋的基本规则，最后却以压倒性的比分战胜了阿尔法狗，很厉害吧？

　　那么，将来有一天，人工智能会不会变得比人类更聪明？这样就可以让机器人帮我们做数学难题，还可以让它们帮我们跑腿，简直太棒了！但是，超越人类智力的人工智能主宰人类的那一天真的会到来吗？就像电影里那样，人们需要服从人工智能的命令，像奴隶一样生活。

　　小朋友们想过吗，如果人工智能变得比我们更聪明会怎么样呢？如果人类不想被人工智能支配，我们该怎么做呢？

马克·扎克伯格
（"脸书"创立者）

斯蒂芬·霍金
（剑桥大学教授、物理学家）

问题4 我们身边也有人工智能吗？

人工智能已经来到我们的身边，比如安装在智能手机和音箱里的智能语音助手。假如我们问："午餐要吃什么？"语音助手会为我们推荐附近好吃的餐厅。如果我们说："下雨了，心情很忧郁。"它会为我们播放和雨天相配的音乐。此外，它还可以快速找到我们需要的资料。这是因为人工智能可以显示人们经常搜索的信息和相关检索词。对了！有了人工智能翻译器，就算突然遇到外国人也不用紧张了！

目前比较成熟的智能语音助手有谷歌助理、苹果的 Siri，以及三星的 Bixby 等。

制作音乐——人工智能作曲家"伊阿姆斯"（Iamus）

2012 年，大名鼎鼎的伦敦交响乐团演奏了交响曲《通往深渊》。

这首曲子是由人工智能作曲家伊阿姆斯作曲的，所有人听到后都大吃一惊。

提供法律咨询
——人工智能律师罗斯（Ross）

2016年，美国一家律师事务所宣布"雇用"人工智能律师罗斯。罗斯是世界上首个成为律师的人工智能产品。它能在一秒钟的时间里阅读超过10亿份的海量法律文档，很令人惊讶吧？

分析资金的流向
——人工智能金融分析师肯肖（Kensho）

肯肖是能分析金融相关信息的人工智能。它能根据人们的提问调查资料并制作报告书。它可以在5分钟的时间里完成15位金融专家数小时才能完成的工作，是不是很快？与人类不同的一点是，肯肖不会被感情左右，能冷静而透彻地分析信息，所以结果也更加准确。

我还会画画呢——人工智能画家深梦

有没有人工智能画家？答案是目前已经有人工智能画家为自己开过画展了。它就是深梦（Deep Dream）。深梦在画展中获得的收入是97605万美元[1]，这下你知道人工智能的画作有多么引人注目了吧？

---

1. 约合70万元人民币。——译者注

主持面试——人工智能面试官 inAIR

人工智能面试官可以主持面试。日本软银集团在 2017 年便引入了人工智能面试官。韩国的乐天集团也在 2018 年新职员招聘筛选中加入了 AI 评价。据说，人工智能面试官 inAIR 能以高达 82% 左右的准确率对应聘者是否能胜任工作作出判断。相反的是，人类通过面试选拔人才时，判断应试者是否可以做好工作的准确率只有 10% 左右。

人工智能面试官可实时分析应聘者的表情、声音和使用的词汇等，以此评价其能力。

撰写新闻报道
——人工智能记者 Wordsmith

你相信吗？在我们看到的众多新闻报道里，可能就有人工智能的杰作。目前已经有人工智能记者入驻多家媒体公司并撰写新闻报道了。美联社记者 Wordsmith 在 3 个月内写出了 4000 多篇报道，非常了不起！

创作诗集——人工智能诗人小冰

诗饱含情感，所以只有人可以作诗吗？互动式人工智能小冰可以通过分析图像的构成进行诗歌创作。让人意想不到的是，人工智能写出的诗竟然非常浪漫。小冰写的诗还被结集出版为汉语诗集《阳光失了玻璃窗》。看到这里我们不禁想问，到底还有什么是人工智能做不到的呢？

陪你聊天——人工智能聊天机器人 ChatGPT

ChatGPT（全名：Chat Generative Pre-trained Transformer），是 OpenAI＊研发的一款基于人工智能技术驱动的聊天机器人程序，于 2022 年 11 月 30 日在美国发布。它能够根据统计规律和对话内容的上下文与人进行互动，像真正的人类一样交流。不仅如此，大量实验表明 ChatGPT 甚至能够完成撰写邮件、编辑短视频脚本、翻译、写论文、编代码等复杂程度较高的任务。ChatGPT 一经问世便引发了很多讨论，短短 5 天时间，注册用户就超过 100 万。这不禁让人想问，在未来，我们的世界将会变成什么样子呢？

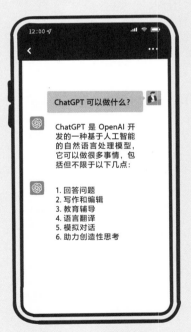

＊ **OpenAI** 研发出 ChatGPT 的美国人工智能研究公司，位于美国旧金山，由萨姆·奥尔特曼、埃隆·马斯克、彼得·蒂尔等硅谷的领军人物于 2015 年 12 月创立。

人工智能让你更轻松！

坐上时光机，看未来的人工智能

　　电影《钢铁侠》中的人工智能管家"贾维斯"可通过网络与家内外的所有电子设备连接在一起。不管发生什么事，人工智能管家都能帮钢铁侠处理。科学家正在致力于将人工智能与其他技术互联互通，开发能启动家用机器的物联网、无须动手就能驾驶的自动行驶汽车等。人们今后的生活会越来越便捷。有了人工智能，也许以后人们不必工作很长时间便可以赚到很多钱。说不定到时候我们只需要躺在树荫下喝着冰茶休息就行了呢！

无人驾驶汽车

不需要驾驶员的汽车

"嗡——"2014 年，德国的一个赛车场上响起了一阵轰鸣声。一辆汽车一边发出引擎声，一边绕着弯曲的赛道飞驰，时速达到 239.7 千米。可是等车子驶进终点线时，人们都惊呆了。汽车里面一个人都没有。它是自动驾驶的！

无人驾驶汽车

无人驾驶汽车是指不用司机把控方向盘也能自动行驶的汽车。汽车会自动判断道路情况危险与否，以及选择哪条路行驶。

汽车怎么能
自己驾驶呢?

人是怎么开车的?首先我们需要用眼睛和耳朵观察周围的情况,看一下前面有没有人经过,信号灯是不是绿灯,判断该前进还是停下,然后调整车速和方向。无人驾驶也是一样。首先,汽车通过各种充当眼睛和耳朵的传感器"识别"道路状况,通过通信能了解周边的交通情况。然后,人工智能程序"判断"汽车可以前进还是应该停下来,之后控制好速度和方向,汽车便可以上路"行驶"了。

分析道路情况。

判断是否需要停车或避开。

行驶。

已经有可以上
路的无人驾驶
汽车了吗?

你见过没有司机,自动行驶的汽车吗?听起来这像是在遥远的未来才能看到的景象,但事实上无人驾驶汽车已经上路了。从有司机的 0 级到没有司机完全自动行驶的 5 级,无人驾驶汽车一共分为 5 个等级。世界上很多国家都在研发无人驾驶汽车,相信 5 级的完全自动驾驶汽车很快就能普及。

0 级 非自动驾驶
人自己开车。

1 级 特定功能自动驾驶
自动调节刹车。

2 级 部分功能自动驾驶
根据情况调整车道和车速。

3 级 有条件自动驾驶
在路况较好的地方自动驾驶。

4 级 高度自动驾驶
可以自动驾驶,但仍然需要司机。

5 级 完全自动驾驶
完全实现自动驾驶,不需要司机。

谷歌无人车

世界上第一辆获得驾驶证的无人驾驶汽车是谷歌威莫（Waymo）的谷歌无人车。2012 年，它在美国的内华达州取得了世界首张无人驾驶汽车牌照。出于安全考虑，测试时有安全驾驶员坐在主驾位置上。有意思的是，无人驾驶汽车使用的是红色的车牌。

后来谷歌还开发了一款酷似甲壳虫形状的无人驾驶汽车。在加利福尼亚州，没有驾驶员的无人驾驶汽车是允许上路行驶的。2018 年 12 月，第一辆无人驾驶出租车"威莫一号"在美国亚利桑那州首次载客。为确保安全，无人驾驶出租车行驶得非常小心，乘客们无不对此充满惊奇，但大部分人都表示很满意。

世界首张无人驾驶汽车牌照，红色的车牌上写着表示"未来汽车"的无限大符号（∞）和意为"自动"的"AUTO"的缩写字母。

360 度雷达扫描周围环境

内部没有方向盘和踏板

搭载人工智能

电力驱动

感知环境的传感器

奥迪——AI 交通拥堵代驾员

想象一下，在交通拥堵的高速公路上开一个小时的车会怎样？久握方向盘的胳膊会疼，还非常容易犯困。这种情况下该怎么办呢？如果驾驶的是奥迪 A8，驾驶员只需按下 AI 按钮就可以啦。把手从方向盘上拿开，舒服地喝一杯咖啡吧！不用担心开车的问题，"AI 交通拥堵代驾员"会替你驾驶的。不过，目前这一技术还在研究中，不能算是成熟的无人驾驶案例。如果时速超过 60 千米，车辆会自动呼叫驾驶员，再由驾驶员继续驾驶。

宝马——iNEXT

宝马正在研发环保型的无人驾驶汽车。宝马提供汽车相关技术，同时与多家配件公司和人工智能公司携手合作。宝马还推出了不使用化石燃料的纯电动无人驾驶概念车 iNEXT。

1993 年，韩国第一辆无人驾驶汽车诞生了。由韩国高丽大学研究组研发的无人驾驶汽车成功实现了在市中心无人自主行驶。汽车从高丽大学出发，一直行驶到首尔汝矣岛 63 大厦，成功完成了 17 千米的市区无人驾驶任务！

现代汽车——氢燃料电池重卡 XCIENT

2018 年 8 月，现代汽车旗下的重型卡车 XCIENT 成功通过了 3 级无人驾驶测试。XCIENT 是大型拖挂卡车，主要用于货物运输，目前已经在韩国京畿道义王到仁川约 40 千米的高速公路上成功完成了无人驾驶。由无人驾驶货车更准确、更快速地运送货物的时代就要到来了！

无人驾驶汽车需要哪些技术?

那么,制造无人驾驶汽车需要哪些核心技术呢?

首先,汽车需要使用传感器技术代替人的眼睛和耳朵。即先用车载摄像头拍下周围的情形,然后再将它转换成数字信号。

要知道汽车周围有什么东西,就需要雷达和激光雷达。雷达会向多个方向发射电磁波,通过计算电磁波撞击周围的物体并反射回来的时间,可以计算出物体距离自己有多远。就像蝙蝠用超声波探索周围的环境一样。激光雷达发射的不是电磁波,而是激光,可以更准确地探测到远处的物体。

要掌握位置和寻找道路,就需要有 GPS(全球定位系统)*和高精地图。一般来说,GPS 用三颗卫星就可以定位,但无人驾驶汽车需要更多的卫星帮助定位。

此外,无人驾驶汽车还需要用于选择路线的人工智能和机器人技术,以及控制速度和方向的装置。考虑到环保问题,不产生污染物质的氢燃料电池也是不可或缺的。

* GPS 利用卫星发出的信号定位用户当前位置的卫星导航系统

无人驾驶汽车需要配备多台雷达和激光雷达,因为需要对所有方向进行检测,看是否有障碍物。

无人驾驶汽车安全吗？

2018 年春天发生了两起震惊世界的交通事故。优步*的无人驾驶汽车因软件未能识别横穿马路的行人，导致一名妇女死亡；特斯拉的自动驾驶系统错误地把卡车的白色货厢识别为天空，结果径直撞了上去。于是，人们不禁开始担心无人驾驶汽车的安全问题。

不过，研究人员并没有过分忧虑。因为在 6 年的时间里，谷歌自动驾驶汽车在行驶过程中引发了 17 起事故，其中只有 1 起是因谷歌汽车的失误导致的，其余均由人为失误造成。因此，研究人员表示，只要在无人驾驶汽车上搭载能够应对更多突发状况的人工智能，同时提高传感器和控制装置的相关性能，就可以防止以后再次发生类似的事故。但是，人的安全毕竟是第一位的，所以加快无人驾驶汽车的相关立法也非常重要。

* **优步** 一款美国的打车软件，为用户提供网约车服务。

坐上时光机，看未来的无人驾驶汽车

任何人都能随心所欲地去自己想去的地方

你想象过未来的无人驾驶汽车是什么样子吗？首先应该没有驾驶座吧。在车厢内，我们可以躺在床上睡觉，也可以在四周安装电子屏幕，一边看电影，一边玩游戏。也许车还可以像变形金刚那样根据需要随时改变形状！此外，只要按一下手表的按钮，我们就可以自动呼叫汽车。这就是 5 级完全自动驾驶汽车！任何人都可以随心所欲地去自己想去的地方，特别是对于儿童、老人、残疾人等不能开车的人来说，这绝对是一个好消息！

到时候，我们可以通过众多的人造卫星准确地掌握交通量，找到最快到达的路线。这样就不会堵车了，货物的运送也会十分及时。也许出租车司机和卡车司机的职业会消失，但相应地也会产生很多新的工作岗位。

无人机

在空中飞行的无人驾驶飞机

还记得 2018 年平昌冬奥会的开幕式吗？在太阳下山后的漆黑夜空中，一些发光的物体一边在空中飞行，一边组成一个滑雪运动员的三维立体形象，随后变换阵型，围成奥运五环的形状。它们就是英特尔的无人机！1218 架"射击之星"无人机完成了奥运会历史上的首次无人机灯光秀。在公园里看到的像玩具一样的无人机竟然在奥运会舞台上为我们带来了如此精彩的表演，太棒了吧！

无人机

无人机是指用无线电遥控设备和内置装置等操纵的无人飞机。通过使用传感器和摄像头，无人机可以探索人类难以到达的地方，比如飞到火山口等极端条件地区进行拍摄，也可以为网上购物提供无人快递服务。

无人机是如何飞行的呢?

飞机和直升机都是靠利用空气托起物体的升力*才能在天空飞翔。无人机也一样。无人机的旋翼可以产生升力，而且它的桨叶大多是 2、4、6 或 8 个，即都是偶数。这是为了在飞行过程中保持平衡。

> 也有安装三个旋翼的无人机，它在设计上和双旋翼无人机很像。

＊升力 物体与空气作相对运动时，空气把物体向上托的力

双旋翼无人机

四旋翼无人机

六旋翼无人机

八旋翼无人机

无人机的飞行原理

相对的旋翼向不同方向旋转，可以使上升的力量保持平衡，从而使机身浮在空中，还可以调整方向。为使向下的重力和向上的升力保持平衡，好让机身浮在空中，旋翼需要保持适当的速率。

❶ 向上

旋翼快速旋转，机身就会上浮。

❸ 向前

后旋翼转得快，机身就会前进。

❺ 向左

右侧旋翼旋转得快，机身向左转。

❷ 向下

旋翼转速下降，机身便会下落。

❹ 向后

前旋翼转得快，机身就会后退。

❻ 向右

左侧旋翼旋转得快，机身向右转。

问题 2 **无人机可以做哪些事情？**

包裹送上门——翼计划

刚在网上订购了东西，几分钟后便可以收到快递？谷歌的母公司"字母表"在芬兰的赫尔辛基推出无人机送货服务，可用无人机运送 1.5 千克左右的商品，最远飞行 10 千米，并在几分钟内送货上门。是不是很快？无人机不会产生尾气，而且快递费用低廉，这些都是无人机快递的优点。"翼计划"已经在澳大利亚配送过约 5.5 万份食品和医药品等物资。今后无人机也会用更加环保、更加安全、更加快速的方式为人们配送物品。

您点的比萨外卖已送达——达美乐比萨

比萨要现烤的才好吃。但有时候我们点的外卖比萨送到时已经凉了，非常可惜。达美乐是全球首个用无人机配送比萨的公司。由于美国的航空法十分严格，无法进行试验，他们便在新西兰完成了无人机送餐试验，结果非常成功。2016 年，新西兰的一架无人机在飞行800 米后，将外卖比萨成功送至顾客的家中。说不定用不了多久，我们也会收到由无人机配送的比萨呢！

抓住黄金时间——吉普斯（Zips）

非洲的卢旺达被称为"千丘之国"，那里丘陵众多，交通不便。这种地方如果出现急诊患者，药品往往无法及时送到，导致错过救治的黄金时间。

为此，吉普来（Zipline）公司开发了一款向这一带运送应急血液和医疗物资的无人机吉普斯。救护车需要 4 个多小时才能到达的地方，吉普斯只用几十分钟就能将应急血液和医疗物资迅速送达。不仅如此，在恶劣的风雨天气和夜间，吉普斯也能正常飞行。由于吉普斯的翅膀是固定的，不方便着陆，在通过降落伞把东西送到目的地以后，它会接着返回给电池充电。怎么样？可以在危急关头救人的无人机，是不是很酷？

搜寻地震废墟中的心跳

——搭载探测器的无人机

2015年4月，尼泊尔加德满都发生了8.1级大地震，超过8 000人在地震中丧生。世界各国都向尼泊尔伸出了援助之手，无人机也帮了大忙。人们给无人机装上了能够感知人类心跳的探测器，让无人机搜寻被埋在倒塌的建筑物残骸中的人们。最后，被埋在地震废墟3米多深处的4人被成功救出。在如此危险的救灾现场救出了这么多人，无人机真的很伟大！

美国的脸书的公司开发过一种以太阳能为动力来源的无人机。
它重454千克，翼展约42米，超过波音737客机，名为"天鹰"。
天鹰计划旨在打造"空中基站"，让偏远地区的居民接入互联网。
可惜的是，无人机虽首航成功，但目前公司已经宣布放弃该计划。

农民伯伯的好帮手——农业无人机

绿油油的田地里出现了一架无人机，在田地上方飞来飞去。这就是可以在旱地或水田里工作的"农业无人机"！以前为了种植农作物，农民伯伯需要在地里精心地种下种子，然后浇水、施肥。现在，无人机可以帮助我们完成这些工作。无人机可以大面积播撒种子，还可以按时浇水和喷洒农药。有了无人机，农民伯伯们就轻松多啦。

自动导航系统

信号接收器

飞行控制系统

旋翼

操纵杆

引擎

起落架（着陆装置）

摄像头

天线

控制器

问题 3

无人机需要用到哪些技术？

别看无人机看起来像玩具一样，它可是用到了很多最尖端的技术呢。首先，无人机需要有"大脑"——飞行控制系统，然后还需要能让旋翼转动起来的动力技术。无人机需要重量轻且电量多的电池，因此需要使用太阳能电池或氢燃料引擎。此外，无人机还需要自动导航装置*这类自动定位技术，雷达等用于探测障碍物的技术也非常重要。同时，无人机还安装了旋转时用于测定角速度*的陀螺仪传感器*、重力加速度传感器、测定方位的地磁传感器*、测定高度的气压传感器等许多传感器。由于是无线操纵，无线通信技术也非常重要。高清摄像头也是必不可少的。什么？你听得头都晕了？如果想让无人机飞上天，同时不和其他无人机相撞，这些技术都是必不可少的啊。

* **自动导航装置** 使飞行器在预定路线和高度飞行的自动操纵装置
* **角速度** 在单位时间内旋转的弧度
* **陀螺仪传感器** 用于测量旋转物体位置和设定方向等的传感器
* **地磁传感器** 利用地球磁场获得方位信息的传感器

问题 4 · 飞在天空中的无人机出现故障了怎么办？

"小心！快躲开！"几年前，韩国游客在意大利的米兰大教堂操控无人机航拍，结果飞机失控，撞上了教堂。米兰大教堂历经约 500 年才建成，所幸这次撞击没有使教堂受损。所有人都担心这座美丽的文化遗产会受到破坏，幸好最后是虚惊一场。无独有偶，2018 年在中国海南，数百架无人机在灯光秀表演中突然坠落。据调查，这次事故是受到信号干扰的影响才突然发生的。

此外，由于无人机可以自由出入围墙，还配有高清摄像头，所以很容易侵犯他人隐私。2014 年，无人机进入了流行歌手蕾哈娜的住宅，还拍到了演员安妮·海瑟薇非公开婚礼的现场照片。此外，无人机也可能被用于运送毒品或枪支，因此我们必须想办法防范这类事件发生。

韩国法律对无人机航拍有严格限制。
如果韩国公民计划购买无人机，需要到各地方航空厅提前了解相关法律并安全使用无人机。

**坐上时光机，
看未来的
无人机**

无所不能的无人机

早上睁开眼睛点完三明治，无人机没过几分钟就送来了；去餐厅的话，无人机很快就能为我们送来食物；更高级的无人机还可以直接将危急患者送去医院。这样的时代并不遥远。看一下窗外，无人机就像汽车一样自由行驶，在天空中飞来飞去，也许这一天很快就会到来。如果利用无人机来管理城市，也许就不会出现交通堵塞，事故处理也会更迅速。无人机还可以飞去太空探测其他行星。据说，英国正在研究克隆蜜蜂的大脑，用于开发指导新一代精密无人机的软件。人工智能无人机也许可以代替蜜蜂为植物授粉！不得不说，随着科技的发展，无人机简直变得无所不能了！

机器人

代替人类的机器

独家报道！独家报道！机器人和我们一样，也可以成为公民！现在向大家介绍一下在沙特获得公民身份的机器人索菲亚！索菲亚长得非常像女演员奥黛丽·赫本，而且能做出 60 多种表情。它不仅能认出谈话对象，还可以与人类实时对话。索菲亚在世界很多国家举行过人工智能机器人的宣讲活动。它在 2018 年还去过韩国！

> **机器人（robot）**
>
> 机器人指的是可以半自主或全自主工作的智能机器。robot 一词源自捷克语 robota，意为"强制劳动"。最早的机器人是像自动机械装置*或漏壶[1]这样能够自操作的机器，但现在我们已经开发出使用人工智能的机器人。

* **自动机械装置** 能够靠机械装置自动工作的设备

1. 古代利用水流计时的计时器。——译者注

国际新闻

人工智能机器人

索菲亚
获得公民身份！

问题 1 赛博格是人，还是机器人？

你看过《机械战警》这部电影吗？在电影中，机械战警是一个拥有人类头脑和机械身体的机械警察！赛博格指的是结合了有机体与电子机器的生物，可以理解为半人半机械的生物。身穿钢铁战衣，由方舟反应炉*提供能量的钢铁侠也是赛博格。今后，会有更多利用机器弥补人类有限身体功能的合成人。如果它的大脑是人类的大脑，我们能把它当作人类吗？还是不能呢？

* **方舟反应炉** 为钢铁侠战衣提供能量来源的装置

铁臂！铁腿！我就是赛博格！

外骨骼机器人可以为身体不能自由活动的人充当脚和手。ReWalk 就是为下半身瘫痪者研发的一种外骨骼机器人。ReWalk 拥有中央处理系统和高精度传感器，瘫痪病人穿戴后可摆脱轮椅，可以正常走路、坐下，甚至还能够上下楼梯。英国一位下半身瘫痪的名叫克莱尔·洛马斯的女性曾借助 ReWalk 的力量，花 17 天时间跑完了伦敦马拉松（42.195 千米）！很了不起吧？

问题 2　有长得和人类一样的机器人？

机器人科学家制造了很多酷似人类的机器人。这类机器人被称为仿真机器人，它们的头部、胳膊、腿和躯干等部位与人类的身体非常相似，而且能像人类一样活动。

仿真机器人获得进一步发展后，变成了外形更加酷似人类的人形机器人。人形机器人搭载了人工智能，可以像人类一样对话。日本大阪大学的教授石黑浩开发出了模仿自己样貌的"孪生双子机器人"。这个机器人的声音、发型、动作都和石黑浩教授一模一样，据说在教授出差期间，机器人会代替他迎接前来造访的客人呢，不可思议吧？

石黑浩教授和他的"孪生双子机器人"

韩国也有人形机器人，左图就是韩国第一个可以用两脚走路的人形机器人"休宝"（HUBO）。休宝共有 41 个关节，所有关节均装有电动机，可以灵活地移动身体。它不但能玩"石头剪子布"，还可以伴着蓝调音乐和人类共舞。

智能衣柜，
请帮我整理好
衣服。

智能衣柜

机器人可以在我们的生活中发挥什么作用？

帮忙做家务的机器人

智能衣柜和厨房精灵

　　如果有机器人帮忙做家务，晚上全家人就可以高枕无忧地休息了。以前人们洗完衣服还要把衣服挂到晾衣绳上，现在只要把洗好的衣服放进烘干机就可以了！不过，烘干后我们还需要把衣服拿出来，再整整齐齐地叠好并放进衣柜。如今，智能衣柜可以为我们解决这一麻烦。智能衣柜懂得如何将各种乱七八糟的衣服分类，叠好后还能自动把衣服放到适当的位置。

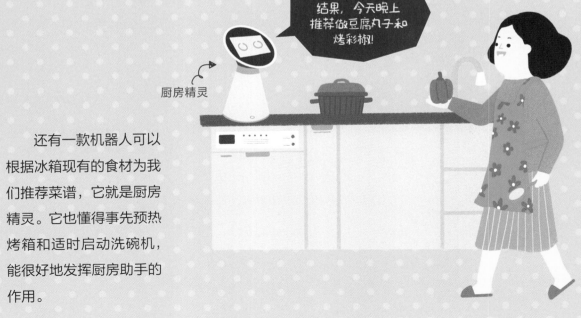

根据冰箱的分析
结果，今天晚上
推荐做豆腐丸子和
烤彩椒！

厨房精灵

　　还有一款机器人可以根据冰箱现有的食材为我们推荐菜谱，它就是厨房精灵。它也懂得事先预热烤箱和适时启动洗碗机，能很好地发挥厨房助手的作用。

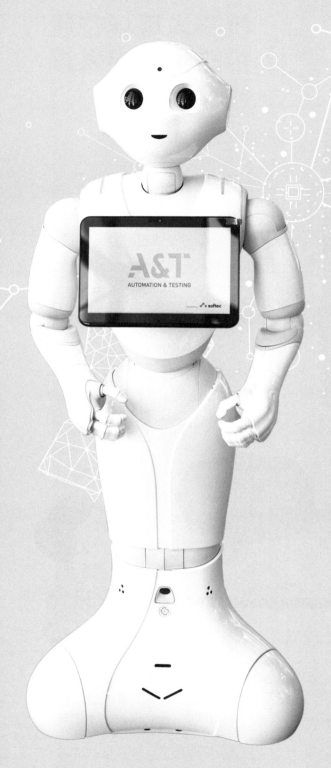

情绪识别机器人

佩珀

　　机器人也会感到生气和悲伤吗？机器人确实很难表达自己的情感。但科学家们一直在研究可以识别情绪的机器人。

　　目前世界上最先进的情绪识别机器人佩珀拥有多种传感器，它可以通过仔细观察周围的情况来判断对方的情绪。它也能理解人类之间 70%~80% 的日常对话，还会开玩笑。如果识别出尴尬的笑容，它会说："眼睛没有笑哟。"因为具备这种特别的功能，佩珀可以完成与顾客交谈、接受下单指令等任务。在咖啡厅、机场、医院等场所，佩珀可以为人们提供多种服务。

机器人能帮助人类完成哪些困难的工作?

问题 4

有哪些工作是人类难以亲自去执行的呢?比如搜索地震中倒塌的建筑时,如果有机器人代替我们执行,肯定更安全吧?意大利研发的 Centauro 机器人外形很像希腊神话中的半人马*,它的臀部、脚踝和膝关节都可以自由活动,还会使用工具,能够在灾难现场执行搜救工作。它的四条腿和两条胳膊可以自由活动并伸长,因此移动时非常稳固,能出色地完成救灾任务。

* **半人马** 古希腊神话中一半是人一半是马的怪物

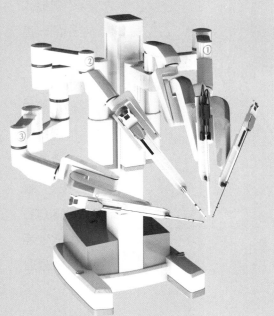

此外,机器人还可以代替人类完成高难度的手术呢!比如机器人达·芬奇为患者做手术时只会留下微小的创口。医疗训练机器人哈尔可以帮助医学生练习技能,扮演"小患者"的角色。哈尔会流眼泪和流血,甚至会说话,包括叫"妈妈"或是大喊大叫。它会小便,有光线照射的时候瞳孔会缩小。在哈尔问世之前,还有会模拟人类生孩子的过程的机器人维多利亚,以及长得和新生儿一模一样的机器人托里。

还有杀手机器人？

　　杀手机器人光听名字就非常可怕，它指的是能对人类使用武器的机器人。只要设定好攻击目标，它就可以自主战斗。韩国也有这种杀手机器人，即三星泰科生产的 SGR-A1 自主哨兵机器人。作为全天候执行任务的自主哨兵，这款机器人被部署在朝韩非军事区站岗。不过到目前为止，射击命令依然需要由管理员发出，机器人还没有自主射击的决定权。

　　可是，我们可以完全相信能控制武器的机器人吗？事实上，美国攻击基地组织时，曾发生过无人机轰炸平民的事情。2016 年，美国达拉斯市警方首次用机器人携带炸弹炸死了一名犯罪嫌疑人，也引发了巨大的社会争议。

　　有人认为，机器人不像人那样有感情，所以可以冷静地作出判断，从而有效地保护人类的安全。但是，如果落入歹徒手中或失去控制，就会引发非常危险的后果。尤其是美国、俄罗斯、以色列等国家都在开发杀手机器人，很多人都对此表示忧虑。科学界和法学界的专家在 2013 年组建了国际机器人武器控制委员会，致力于推动各国和平使用机器人，明确提出，不能允许机器人自主做出杀人的决定。

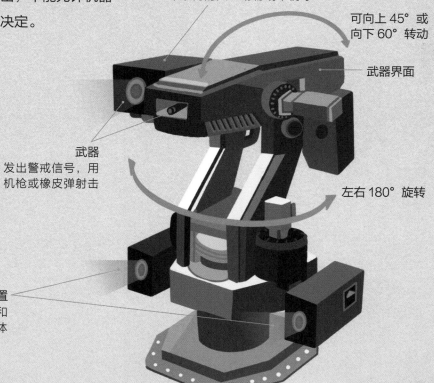

追踪装置
可识别白天 2 千米和夜晚 1 千米以内的人、动物或车辆等

可向上 45° 或向下 60° 转动

武器界面

武器
发出警戒信号，用机枪或橡皮弹射击

左右 180° 旋转

监视装置
可探测白天 4 千米和夜晚 2 千米以内的移动物体

如果机器人伤害人类怎么办？机器人也需要道德约束吗？

假如……

虽然我们很期待机器人有一天可以代替人类执行工作，但是，一想到机器人能够用可怕的武器瞄准人类，就不免觉得有些毛骨悚然。那么，我们是否可以教育机器人，要求机器人不能做出伤害人类的举动呢？

美国科幻作家艾萨克·阿西莫夫在1950年出版的文学作品《我，机器人》中提出了设计机器人时要遵守的"机器人三定律"，认为这是制造机器人时必须植入的程序。请大家想一想，还有没有其他要追加的内容呢？

○ 机器人三定律 ○

第一定律	机器人不能伤害人类，也不能对处于危险中的人类视而不见。
第二定律	在不违反第一定律的情况下，机器人必须服从人类的命令。
第三定律	在不违反第一和第二定律的情况下，机器人应尽可能保护好自己。
补充零定律	机器人不能伤害人类的整体利益，也不能在人类整体利益遭遇危险时袖手旁观。

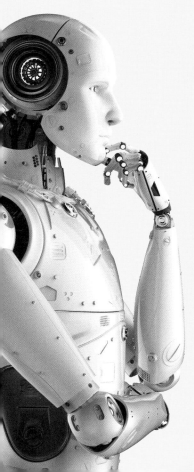

当然，仅仅依靠这几条机器人定律无法保证人类的安全。我们有必要将机器人定义为"电子人"并制定相应的伦理条款，制造机器人时也必须遵守相关条款，植入相应的程序，做好监督工作。韩国的一家科技公司Kakao还起草并制定了《机器人道德宪章》。在人工智能机器人索菲娅访问韩国后，韩国就开始加紧制定人工智能机器人道德章程。

聊天机器人

会聊天的机器人

如果我们和妈妈去了一趟便利店，回来时发现车玻璃上贴着一张大大的违章停车罚单，这时候该怎么办呢？要是能快点问清楚禁止停车的区域和时间就好了！韩国首尔市江南区为了快速解答市民关于汽车停车和宠物狗的疑问，已推出人工智能聊天服务。这就是被称为"江南宝"的聊天机器人。

聊天机器人

"聊天机器人"的英文名称"chatbot"是由意为"聊天"的"chat"和意为"机器人"的"robot"组成的词语。它是一款能在聊天工具上与人自动对话的人工智能聊天软件，简单来说就是"人工智能+聊天工具"。也就是说，和我们聊天的对象是一个人工智能机器人！

人工智能很难学会人类语言吗？

"这件大衣是温暖的红色。""今天的天气真是闷得慌。"这些是我们在日常生活中经常说的话。人们平时使用的日常语言就是"自然语言"。自然语言中有许多模棱两可、夸张或缩略的内容，而且，要具备一定的社会知识才能理解这类对话。

我们使用的自然语言与计算机使用的语言之间存在很大的差异。计算机只能理解"是"和"不是"。在遇到"神兽"和"社死"这种新兴的流行语时，人工智能很可能无法明白它们的意思。

但是，要学会人类语言也不是完全没有可能。目前，人工智能正通过深度学习研究人类的自然语言。与人类沟通时最重要的手段就是语言，因此人工智能需要理解我们使用的自然语言，分析对话中另一方的心理，找出关键词，并根据对话内容提出问题。聊天机器人就是这样研发出来的。

聊天机器人为什么会引发人们的关注？因为它们懂得用人类的语言对话。聊天机器人最初只能识别文字，后来也能识别语音了。

你遇到过聊天机器人吗?

尽管人工智能服务尚未全面进入我们的生活,聊天机器人还是可以在很多方面为我们提供帮助。韩国大邱市已推出一款名为"嘟宝"的聊天机器人。嘟宝可以每天 24 小时为人们解答行政、地区庆典、投诉等问题。即使在深夜,如果你有办理护照之类的紧急问题,也可以随时咨询它。

大邱的骄傲 # 9. 全国最早推出的政务智能机器人

人工智能聊天机器人 # 嘟宝

嘟宝非常聪明!它不但能听懂各种问题,还能给出准确的回答!

我最擅长为大家解答各种问题啦!

最近有什么比较有意思的庆典活动?

如何变更车辆号牌?

在哪里办理护照呢?

嘟宝使用了最先进的人工智能技术,可以为大家提供更加快捷、准确的咨询服务。

不在大邱就没有机会接触到聊天机器人了吗?其实你可能早就见过聊天机器人了。比如在网上购物的时候,如果我们询问有关配送的问题,为我们解答问题的很有可能就是聊天机器人。还有,我们的电视或笔记本电脑出现故障时,需要与电子产品公司在聊天工具上交谈,也有可能是聊天机器人在和我们对话。除了大邱的嘟宝和首尔市江南区的江南宝等聊天机器人外,将咨询服务交给聊天机器人完成的地方(如银行或购物中心等)变得越来越多了。

LG电子智能聊天机器人　　聊天咨询

您好!
我是LG电子的智能聊天机器人。

有什么可以帮助您的?
咨询之前可以参考下面的常见问题。

"空调不制冷了。"
"洗衣机的电源总是自动关掉。"

简单处理方法

"我想申请上门维修服务。"
"预约技术人员上门。"

预约技术人员上门

简单处理方法

您想咨询什么产品问题呢?

计算机

请输入您想咨询的问题

如果你的计算机突然无法关机,试试向聊天机器人求助吧!

聊天机器人不仅可以当律师，还可以提供心理治疗服务？

美国有一个人总是因为莫名其妙的原因收到停车罚单。他就是当时在斯坦福大学读二年级的学生约书亚·布劳德。于是他开发了一个聊天机器人律师DoNotPay，为像自己一样掏了许多冤枉钱的人提供法律咨询服务。它会询问停车空间是否太小、停车标志牌是否容易被看到等问题，然后依据相关法律，告知当事人是否需要交罚款。通过提供免费咨询服务，它已帮助约 16 万人处理了与违章停车罚单有关的纠纷。如今，这个聊天机器人律师不仅能搞定罚单问题，还能帮助无家可归的难民填写移民申请，或是向他国政府请求庇护！

Karim 是一款为难民提供心理治疗服务的聊天机器人。到目前为止，全世界每年依然有大量难民被迫离开自己的故乡而流亡到其他国家。身处人生地不熟的异国他乡，要想办法站稳脚跟，还要考虑今后的生计，这些人的压力可想而知。但是，这些难民很难有机会接受心理咨询。Karim 可以分析对方的感情状态，提出适当的问题并给出回答，帮助对方保持情绪稳定。可见，根据不同的设计，聊天机器人可以在很多地方帮助人类。最关键的一点是，聊天机器人能够自然地使用人类语言，所以用途非常广泛。

问题 4 **聊天机器人之间可以聊天吗？**

　　2017 年，脸书创造了两款人工智能聊天机器人，试图让它们互相交谈。研究人员对两个机器人会聊些什么产生了兴趣。然而，两个聊天机器人却产生了让人看不懂的对话，吓得研究人员立刻关闭了它们的对话框。显然，这两个聊天机器人之间的对话毫无意义。但是人们也在担心，人工智能会不会创造出属于自己的语言并互相交流呢？于是研究人员立即着手重新设计，让机器人只能使用人类的语言。

微软公司推出的人工智能聊天机器人 Tay 由于在推特上发布侮辱性和种族歧视言论，上市仅 16 个小时就被迫下线。原因是 Tay 从一些种族歧视者那里学到了相关的语言。

**坐上时光机，
看未来的
聊天机器人**

当聊天机器人成为我们的私人秘书

跟家人吵了一架，好伤心啊。因为此时是大半夜，可以倾诉心事的朋友们都在梦乡中，怎么办才好呢？别着急，在这样的深夜里，让人工智能秘书来安慰你吧！它能帮你预约第二天的电影，还会在购物中心为你订购心仪的礼物！怎么样，这下感觉好多了吧？

这就是未来的聊天机器人。今后的聊天机器人会发展出更多功能。我们身边的人工智能秘书会配有语音服务，变得更加完善。人工智能秘书不仅能为我们提供心理咨询，还能解决我们日常生活中遇到的各种问题，就像电影《钢铁侠》里的人工智能秘书贾维斯一样。到了那一天，我们就不用像现在这样在智能手机上安装那么多应用程序啦！

但是，当这一天到来的时候，恐怕很多从事人工咨询服务的人都会失业。目前已有一些医院开始用聊天机器人提供问诊服务，星巴克也开始用具备语音识别功能的聊天机器人来接受订单了。

大数据

信息的海洋

你有过这种经历吗？上网的时候，几天前搜索过的玩具的广告一直跳出来。"咦？这不正是我想买的那个玩具吗？"你不由得吓了一跳。其实，猜透我们内心想法的是"大数据"。它会记住我们搜索过的信息，然后把相关的信息展示给我们。

大数据

大数据指的是大量的信息。除了数据信息，它还包括在网络和社交媒体等数码环境中收集到的所有信息，如文字信息、影像信息、声音信息、图片信息和位置信息，以及处理这些信息的相关技术。

大数据包含多少种信息？

人们通常用谷歌在一分钟内收集到的信息量来形容大数据的规模。在一分钟的时间里，谷歌可以搜索约 200 万篇文章，"油管"可以搜索长达约 72 小时的视频，"推特"等社交媒体可以搜索约 27 万篇文章。这样算下来，一天内能收集到的信息简直数不胜数。专家表示，能将如此大规模的多元信息迅速聚集在一起，便是大数据的特点。

大数据的单位是太字节 (Terabyte, TB) 或拍字节 (Petabyte, PB)。一个字节 (Byte, B) 是一个英文字符的信息量；一个太字节是约一万亿个英文字符的信息量；而一个拍字节是约一千万亿个英文字符的信息量。

谁发明了大数据？

你今天使用过百度、搜狐等网站吗？有没有用智能手机听音乐，或用聊天工具和朋友聊天？如果有，那么今天你使用过的所有数码信息都会成为大数据。大数据不是人们特意创造出来的。我们在个人计算机、公共网络、智能手机等数码产品上留下的数码痕迹集合在一起，就自动变成了大数据。也就是说，我们在聊天工具中的对话内容、从图书馆借的书、买冰激凌攒下的积分券，以及电梯监控拍到的我们的样子、我们手机的位置等信息都可以通过网络传送，最终成为大数据。

监控里拍到的我们的样子，聊天工具中的对话内容，博客里的照片，"油管"里收到的点赞，全都会成为大数据！

谷歌

大数据

大数据会给我们的生活带来怎样的改变?

深夜公交车——方便夜猫子

深夜时没有公共交通工具,给人们带来了很多不便。2013 年,韩国首尔市利用大数据为想要在深夜乘坐公共交通的市民们解决了问题。他们通过分析移动通信公司收集的大数据,了解了深夜人们经常去的地方和交通事故频繁发生的区域,然后在相应区域开通了夜班车路线。

方便的配送——定期配送

韩国的购物网站"酷澎"会向每次购买相同商品的顾客推荐类似商品,还会计算购买该商品的顾客的使用周期,定期提供商品配送服务。这样顾客在洗发水用完之前就能收到新的洗发水!

大数据预言——特朗普当选

2016 年特朗普当选美国总统的时候,当时的舆论调查机构和媒体都以为希拉里·克林顿会当选。但最后是唐纳德·特朗普被选上。而成功预测这一结果的是"谷歌趋势"。"谷歌趋势"是调查互联网用户经常搜索哪些检索词的大数据分析工具。它的分析显示,在检索量上,"特朗普"这一检索词一直领先于"希拉里"一词。大数据的这种本领让人们惊讶。如今,大数据分析已成为大型政治选举的工具。

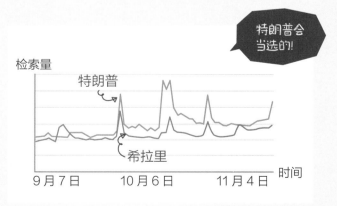

问题4 # 大数据在危急时刻能发挥什么作用？

地震来了！快点逃生！

　　自然灾害常常在没有任何预警的情况下发生，因此人们会遭受很大的损失。地震也是如此。要是提前知道会发生地震，人们就有机会逃生，从而减少人员伤亡。美国的Terra Seismic 是一家分析地震大数据的公司。通过实时收集并分析卫星数据和气象数据，Terra Seismic 可以预测 6.0 级以上的大多数地震，且已准确预测过 8.1 级的智利北部地震、7.2 级的墨西哥格雷罗州地震，还提前 9 天预测到了 2015 年 3 月 3 日在印尼发生的 6.4 级地震。

危机咨询师——大数据

　　美国的"危机短信专线"（Crisis Text Line）能为那些遭受孤立、校园暴力、家庭暴力等危机状况的人们提供免费的在线咨询。人工智能系统会分析对话内容、时间、咨询者的位置、年龄、性别等信息，还能对由约 3 300 万条短信等内容组成的大数据进行分析，当对话内容中出现危险词汇时，系统会立即认定情况紧急，然后优先为该咨询者接通咨询员。

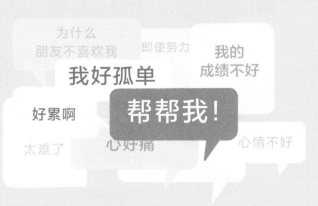

因为大数据，超市的收银台会消失？

　　企业非常清楚，一些看似无关紧要的日常信息聚集在一起时，可以产生巨大的力量。美国的购物网站亚马逊开设了实体店"亚马逊 Go"。不过这里没有收银台。只要在手机上安装相应的应用程序，进入卖场以后，看到想要的东西大胆拿走就行。无数摄像头和传感器可以检测出你带走了什么东西，同时与智能手机的应用程序联动，自动完成结算。顾客无须在收银台排队等候，非常方便。同时，亚马逊也可以直接收集到大数据，掌握哪个年龄段、哪种性别的人在什么时候购买了什么东西，可谓一举两得。

大数据中的个人信息安全吗?

如果有人能随时掌握你何时去哪里、与谁联系、搜索什么信息这类个人隐私,会发生什么呢?在乔治·奥威尔的小说《一九八四》中,作为权力象征和民众膜拜对象的"老大哥"会以保护国民安全的名义监视人们的行为。

事实上,这不是只在小说中才会发生的事。为了防止恐怖袭击,美国于 2002 年设立了国土安全部,负责国内安全事务。这样一来,随时收集的大数据中的个人信息也不可避免地全部被泄露给国家机关了。大数据中的信息如果被用在别的地方会怎么样呢?

为了防止这种情况发生,国家应该制定相关法律,让大家不知道这些信息属于谁。另外,储存个人信息时,最好更改相关人员的名字或删除部分信息后再上传。

坐上时光机,看未来的大数据

大数据让我们更轻松

大数据的规模会不断增长。据说在未来,我们家内外的所有事物都可以通过网络连接起来。因此,所有的地方都会留下我们的痕迹,包括我们看电视时喜欢什么节目、妈妈几点起床或几点睡觉、家里人什么时候不在家、我们使用什么产品等。这样一来,就像电影中一样,我们在走路的时候会看到自己喜欢的商品,去餐厅时会被推荐适合自己口味的菜品。即使我们什么都没说,也不用点餐,自己想要的东西就会送到我们面前。你能想象这样的世界吗?如果一个城市能利用大数据准确了解人们的需求并提出解决方案,我们的生活会变得无比便利。

3D 打印机

什么都能打印的立体打印机

轰隆隆！在 2018 年的德国柏林，一辆非常漂亮的摩托车正在公路上奔驰。这台名叫 NERA 的摩托车看起来像一块巨大的塑料乐高积木，轮胎上还有镂空结构。除了独特的外表，人们更关注的是，它是一款使用了全 3D 打印外壳的电动摩托车。这是 3D 打印在交通领域的颠覆性尝试。

3D 打印机

一般的打印机是在纸上打印图画或文字，而 3D 打印机可以把我们想要的任何东西直接打印出来。3D 这个词很难理解？你一定知道 3D 电影吧？只要戴上一种特殊的眼镜，电影里的东西看起来就像真的一样立体。3D 打印机就是能够打印出和实际物品的长度、宽度、高度完全一致的物体的打印机。

问题 1 3D 打印机是什么时候发明出来的？

3D 打印技术的历史并不长。1984 年，美国的查尔斯·赫尔首次制造出 3D 打印机，还成立了 3D Systems 公司。查尔斯最初的设想是给液体塑料塑形，从而快速制造更多的物品。3D 打印机就来源于这一想法。但是，由于 3D 打印机的价格太高，一般只用于制造飞机和汽车的零部件，而且涉及专利问题，不是谁都能随意使用。因此，3D 打印技术一直没有得到广泛应用。不过，随着 3D 打印机的价格在近年大幅降低，以及多项技术专利在 2014 年解禁，这项技术得到了进一步开发。

3D 打印技术之父查尔斯·赫尔

3D 中的 D 是维度（Dimension）的意思。1 维（1D）指的是点，2 维（2D）指的是平面，3 维（3D）指的是立体空间。

问题 2 3D 打印机是怎么打印东西的？

以前我们想要制作什么东西时，需要把材料切开或融化后再倒进模子里。而现在，只要输入三维设计图数据，3D 打印机就可以一次打印出成型的物品，即使零件复杂或样子不规则也没有问题。

用 3D 打印机打印物品的方法大致分为两种：一种是从底部开始一层层叠加、堆积而成；另一种是利用激光等工具逐层切割，最终形成三维实体。最常用的是第一种方法。只要把塑料、橡胶、金属、陶瓷等各种材料的耗材放入打印机中，启动程序，材料就会经过层层堆积、凝固而最终成型。之后把表面稍作修整，再给物品上色，一切就大功告成啦！

3D 打印机能打印人的骨头吗？

问题 3

你听说过连体婴儿吗？他们是双胞胎，从在妈妈肚子里时开始，他们身体的一部分就是连在一起的。连体婴儿出生后需要接受分离身体的手术，但这种手术的难度非常大。2002 年，美国加利福尼亚州州立大学医院完成了一对头部相连的连体婴儿的分离手术。负责该手术的亨利·川本教授先用磁共振成像拍摄了连体双胞胎的身体，然后用 3D 打印机打印了出来，输出的模型和真人大小一样。医生们使用这一模型反复练习，在最后的手术中准确地分离了连体婴儿的头颅。真是太棒了！现在这项技术更加发达了，可以更快、更准确地打印出适合患者的骨头或牙齿的假体。

问题 4

3D 打印机能做的最有意义的事有哪些？

3D 打印还能给在意外事故中失去手的孩子带来希望。海外非营利组织"赋能未来"（Enabling the future）可以为失去手或手臂的孩子提供用 3D 打印机制作的假肢。3D 打印的假肢从手指到胳膊肘都与患者完全适配，还可以让孩子们选择不同的外观和颜色。从 2013 年开始，已经有超过 1 000 名孩子得到了像钢铁侠那样的手！他们的人生又获得了新的色彩！

用 3D 打印机可以打印比萨吗?

问题 5

能不能用 3D 打印机打印我们喜欢的食物呢? 听说真的有可以打印比萨的 3D 打印机呢! 只要在烤盘上打印好面饼, 再把酱汁和奶酪打印到烤熟的面饼上, 美味的比萨就做好了! 能完成这项工作的就是美国国家航空和航天局开发的"3D 食品打印机"。

制作美味比萨仅需 6 分钟!

3D 打印机打印出来的桥, 你敢走吗?

问题 6

3D 打印机能打印巨大的建筑物吗? 中国上海有一座桥就是用 3D 打印机制造的。这座桥总长 26.3 米, 宽 3.6 米, 是一座可以让人在上面行走的真正的桥。打印这座桥时不仅要考虑大小, 还要考虑安全问题。这座桥很坚固, 上面站满了人时也不会倒塌。另外, 桥墩上还安装了实时监控装置, 可以随时采集桥墩受到多大压力、外形是否变形等信息。据说打印这座桥需要约 450 个小时, 你想不想上去试试看它有多结实?

如果用 3D 打印机打印枪支呢?

假如

如果有人用 3D 打印机打印危险的武器怎么办？2018 年，美国一位支持持枪的人在网上发布了半自动手枪和半自动步枪的设计图。在 3 天内，设计图被下载了 1 000 次以上。只要把设计图放入 3D 打印机，就可以打印出枪支。有人甚至在网络上上传了自己制作枪支并尝试射击的视频。

美国曾禁止传播枪支设计图，现在允许个人使用，禁止商业销售。很多人都在担心这个问题。尤其美国每年都会发生多起持枪伤人事件，而 3D 打印机制作的枪支是塑料材质，用金属探测器很难探测到。

在中国、韩国等国家，非法持有、私藏枪支是违法的。专家们呼吁，为了不让危险物品的设计图纸被坏人用于不良的目的，一定要尽快制定 3D 打印机的使用条例。

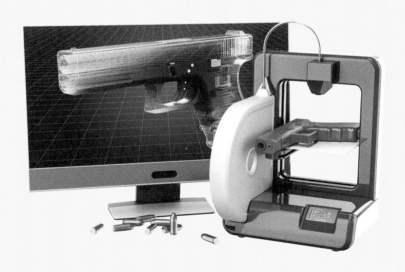

**坐上时光机，
看未来的
3D 打印**

如果家家户户都有 3D 打印机，你会最先制作什么？是巧克力塔？还是糖果椅子？想到什么就能做出来，是不是很像神笔马良？

在未来，我们可能不再需要购买自己需要的物品，而是直接制作，DIY *（Do It Yourself）的时代即将来临！说不定 3D 打印机本身也可以用打印的方式制造呢。如果是那样的话，可能很多工厂会关闭，很多人会失业。制造物品的制造业工人、制造人工义齿的技工、制药公司的药剂师、制作食品的厨师等职业也许都会消失。

但是，我们也可以用 3D 打印机打印出适合患者身体的器官，生病的人就不必为寻找可移植的器官而无限期地苦苦等待了。如果每次身体出现问题时都可以用 3D 打印机打印器官并移植，那么就算我们的年纪已超过 100 岁，也有可能拥有 20 多岁的身体！

* **DIY** 自己动手制作想要的东西

虚拟现实
(virtual reality, VR)

虚拟现实是用计算机程序生成模拟环境，让人产生身临其境的感觉的技术。只要戴上一种特殊的装置，你就会感觉自己来到了另一个空间。即使坐在自己的房间里，你也可以体会在英国曼彻斯特联队的足球场上奔跑的感觉！

虚拟现实

看似真实的虚幻场景

　　进球了！小而黑的冰球在冰面上快速滑进了球门。眼看着冰球飞到眼前，你吓得紧紧地闭上了眼睛。但是，等等！球是哪个选手打进的？别担心，只要把目光转向观众席，你就能再次生动地看到球飞进的瞬间！这样一来，美国的冰球迷们在房间里也能身临其境地观看平昌冬奥会了。这都要归功于虚拟现实！

如何看待虚拟现实？

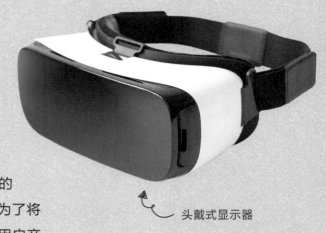

头戴式显示器

　　如果想体验虚拟现实，就要在头上戴上巨大的装置，这就是头戴式显示器（HMD）。头戴式显示器的前端很像一个凸起的护目镜，为什么要设计成这个样子呢？这是为了将人对外界的视觉和听觉封闭起来，从而引导用户产生身在虚拟环境中的感觉。换句话说，就是让眼睛产生错觉。美国计算机科学家伊万·爱德华·萨瑟兰在 1968 年发明这项技术时使用的装备非常笨重，需要吊在天花板上使用，能看到的角度也只有 40°左右。现在这项技术已经非常成熟，使用者几乎会忘记自己佩戴了头戴式显示器，视野范围也可以达到 100° 以上。

怎样体验到逼真的虚拟现实？

　　如果我们开心地在虚拟世界中的雪原上奔跑，然后走下陡峭的斜坡时，却发现眼前的画面不会随我们的视角移动！"什么嘛！"你一定会觉得这样的画面一点儿都不真实。虚拟现实中的画面会随着体验者的视线移动。这要得益于感知头部角度的传感器和头部追踪技术。当画面根据头部移动的方向移动时，人们就会误以为画面中的世界是真实的。另外，由多个摄像头拍摄的 360° 全景可以形成一个封闭的虚拟空间，即使我们转动头部或移动视线，也可以在360° 的范围内看到一个栩栩如生的虚拟世界。

体验虚拟现实时感觉恶心怎么办？

假如
……

在虚拟现实中坐过山车时，我们可能会感到头晕和恶心。因为令人毛骨悚然的悬崖和天空等场景都是 360° 全景制作，感觉像真的一样。沉浸在影像中时，如果视觉上观察到的状态和身体的真实状态不一致，我们就会感到眩晕。这种现象通常被称为"晕屏"。为了防止晕屏，请放慢你的动作。发生晕屏时最好停止体验，立刻闭上眼睛并深呼吸。

问题 3

在虚拟现实中能产生真实的感觉吗？

我们在虚拟现实中弹奏钢琴时，如果没有按下键盘的感觉，就会觉得不真实。因此我们需要能感受到像按下真正的钢琴键盘一样的触感的技术。这项技术就是触觉反馈技术。触觉反馈技术可利用热、风、疼痛等刺激让我们的身体获得感觉。如果把手放在超声波发射器上，超声波会让我们有一种手被推开的感觉，我们就会产生触摸真正的钢琴键盘的感觉。有了触觉反馈技术，无论在虚拟现实中进行体育比赛，还是驾驶汽车，或是按下按钮，我们都会感觉非常真实。

治疗精神创伤——VR 心理治疗

战争的幸存者们会长时间被有关战争的痛苦记忆折磨。"虚拟伊拉克"是一款旨在帮助参加过伊拉克战争的军人的软件。通过使用虚拟现实技术，软件可构建士兵曾经参与或目睹暴力的地点，同时佐以现场的声音和气味，让退伍军人在安全的环境下重回造成创伤的暴力现场，从而引导患者摆脱恐惧。"虚拟现实治疗学"这门新学科就这样诞生了。

虚拟现实可以用于哪些领域？

不在现场也可以学习——VR 消防教育

着火了！发生火灾时，突然要使用灭火器，这会让我们感觉非常慌张。如果能在虚拟现实中学会灭火器的使用方法，发生危险时就可以轻松应对。在虚拟现实中，我们不必亲临现场，也可以花最少的时间和精力学习需要的知识。据说美国的沃尔玛经常利用虚拟现实来培训员工。

有趣的世界——享受 VR

"啊！有僵尸跟着我！"在虚拟现实中玩僵尸游戏的话，一定非常刺激！因为 VR 会让人产生身临其境的感觉，VR 游戏在全世界都很受欢迎，一些地方还出现了 VR 主题公园。如果想去旅行却没有时间，还可以在虚拟现实中旅行。只要坐在自家的客厅里，我们就能欣赏到马尔代夫海边梦幻般的日落！

增强现实

现实中的新现实

"抓住了！皮卡丘！"咦？这是什么声音？什么皮卡丘？路上明明只有人啊。再一看，原来大家都在用智能手机玩游戏……哇！智能手机的画面里明明是我们小区的公园，里面竟然有皮卡丘和杰尼龟！原来这就是增强现实啊！

增强现实
(augmented reality, AR)

像在"宝可梦 GO"游戏中那样，把宝可梦的幻想世界融入现实世界，就是应用增强现实技术的结果。增强现实是将计算机生成的图像等虚拟信息模拟仿真后应用到真实的世界中，两种信息互为补充，从而实现对真实世界的"增强"。

问题 1 宝可梦是如何运行的呢?

2016 年风靡世界的"宝可梦GO"就使用了增强现实技术。我们在公园或街头的任何地方玩游戏时,画面中的宝可梦会出现在现实场景中。这到底是怎么一回事呢?

这是因为人造卫星可通过 GPS 实时与智能手机交换位置信息,当我们所在的位置和虚拟位置吻合时,游戏中的宝可梦就会出现。

通过 GPS 和智能手机实时交换位置信息

宝可梦 GO

假如……

"呜呜——吱——！"伴随着刺耳的警笛，传来了汽车急刹车的声音。

我吓得抬头一看，发现自己站在马路中央，一辆汽车正停在我的面前。怎么回事？我不是在追赶杰尼龟吗？

你觉得在玩游戏时跑到路上的人很不可思议吗？实际上，2017年11月，美国发布了一份名为《"宝可梦GO"引发的死亡》的报告，指出了美国国内交通事故的增加与"宝可梦GO"的关联性。虚拟形象出现在现实中时固然很有趣，但一定要记住，沉浸在游戏中时，随时都可能发生交通事故等危险情况！

因此，美国的IBM开发了一款程序，用来追踪每个人的位置信息，当人们出现在马路或水边等危险区域的周边时，系统会自动发送警告信息。当然，为了防止个人位置信息被黑客入侵，系统会将其储存在区块链中。无论游戏多么逼真和好玩，在现实生活中都要注意安全，千万不能掉以轻心啊！

问题2 增强现实对学习有帮助吗？

石斧、梳纹陶器、金色王冠和装饰品……在历史博物馆中我们可以看到很多文物。但是，这些文物是在哪里被发现的呢？如果想知道文物是在哪里发掘出来的，我们可以打开增强现实应用程序，将智能手机放在博物馆的地图上，这时，从各个地区发掘的文物会一个个在地图上浮现，无须费力寻找，就能一目了然。另外，我们还可以利用增强现实来了解夜空中星座的位置。只要安装"观星"（SkyView）应用程序，将智能手机对准天空，程序就能辨别出星座和各种天体！用这种方式学习的话，就不会觉得无聊了吧？

问题 3 增强现实可以帮助购物吗?

增强现实对购物也很有帮助。去汽车卖场购买汽车时,卖场中没有我们想要的那款怎么办? 别急,宝马携手谷歌推出了以 Tango 技术为基础的看车应用程序,这款应用程序可在顾客的眼前展示虚拟的车辆。借助这款应用,顾客可以从不同的角度估量车型的大小,还能选择不同的颜色和饰物等,以找出最符合自己心意的选项。

有名的家具企业宜家也有一款名为 Ikea Place 的增强现实应用程序。有了它,我们可以在自己家里随意布置虚拟的家具。直接去家具店里买家具的时候,有时很难知道一款家具是否适合自己的家。由此可见,利用增强现实购物会更加方便。

问题 4 增强现实可以帮助组装机器吗?

我们玩乐高积木时必须看着说明书组装,才能拼出大大的乐高作品。组装机器时也是如此。我们需要随时与图纸比对,查看是否符合要求。但是,两手拿着零件的时候还要查看图纸,这也太难了吧! 这时我们可以利用像微软的 HoloLens* 这样的增强现实程序。只要戴上像眼镜一样的显示器,我们眼前就会出现一个立体的虚拟世界,类似于全息投影。另外,成品的样子可以在现实场景中显现,这在工业现场非常实用。

* **HoloLens** 微软公司制作的增强现实程序,只要戴上头戴式显示器,就能看到计算机生成的效果和现实世界叠加后的新世界

69

可穿戴设备

可以穿在身上的计算机

可穿戴设备
（wearable device）

可穿戴设备就是可以穿在身上的电子设备，也可以简单理解为可以穿或戴在身上的计算机。其目的是收集人的心率、肌肉的运动状态等与身体有关的信息，同时与其他机器进行数据交互，从而进一步提高人的行动能力。

"嗡——嗡——"咦？妈妈打来电话了！是要问我什么时候回家吗？虽然很好奇，但也只能让智能手表发送一条"我正在参加游泳训练"的信息。"嘀嘀！嘀嘀！"这时智能手表又为我测算了心跳次数。多亏有了智能手表，我们在运动期间也能发送信息，还能了解自己的身体状态！

心率很快，请休息一下。

可穿戴设备有哪些？

　　20 世纪 60 年代，可穿戴设备刚刚诞生，那时只是单纯地在手表或鞋子上安装一个计算机或相机。后来，美国军方在士兵的军服中植入了具备传送无线数据和定位功能的设备。1994 年，埃德加·马蒂亚斯推出了一款手腕计算机。使用这款计算机时，两只手腕需分别佩戴显示器和键盘，一边用戴着显示器的手敲打键盘，一边看着显示器输入文字。现在的电子设备已经有语音输入功能了，可以想象手腕计算机在使用时有多么不便。

　　21 世纪出现了多种可穿戴设备，有智能手表、智能手环、智能眼镜等饰品形态的，也有在衣服和衣料中植入传感器这种内置传感器形态的。未来也许还会出现可以像贴纸一样贴在身上的设备，或者干脆把装置移植到人体里的植入式穿戴设备。

智能戒指还可以用来结账！

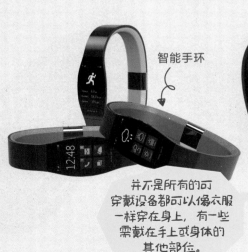

智能手环

并不是所有的可穿戴设备都可以像衣服一样穿在身上，有一些需戴在手上或身体的其他部位。

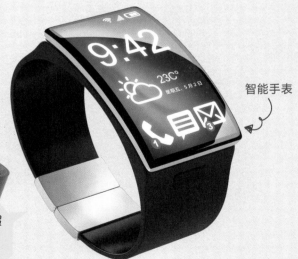

智能手表

可穿戴设备使用的主要技术是什么？

比起独立地收集和分析信息，可穿戴设备在更多时候需要与其他智能手机或平板电脑联网。所以，能否与其他电子设备通过无线信号顺畅地共享信息变得至关重要。因此，可穿戴设备需要一个能够很好地支援物联网环境的操作系统。5G 通信网络开通后，我们可以更快、更自由地交换信息了！

如果像初期的可穿戴设备那样，需要把坚硬的显示器戴在胳膊上，会是怎样的感觉？在炎热的夏天，身上戴着又硬又厚的设备，行动起来该有多么痛苦啊！所以，可穿戴设备必须适合我们的身体，具备可以弯曲的性能，还应轻便一些。未来可穿戴设备的发展方向是重量越来越轻，同时可以折叠或卷曲。

智能眼镜能做什么呢?

如果现场的工人在组装机器之前需先到办公室领取指令,完成作业后还要再送回检查,这样来来回回要浪费多少时间啊!现在,谷歌眼镜解决了这个问题,我们只要动动眼睛就可以了。

"爱科"是美国一家生产农业器械的公司,这里的员工都戴着谷歌眼镜工作。这款智能眼镜不仅可以录制和发送视频,还可以安装具备通话、翻译或发送信息等功能的多种应用程序,使用起来非常方便。在工作的过程中,如果谷歌眼镜上出现了上级的指示,员工们就可以用谷歌眼镜的摄像头拍下工作过程,然后发给上级。这样一来,大家的工作时间至少能减少 25% 呢!

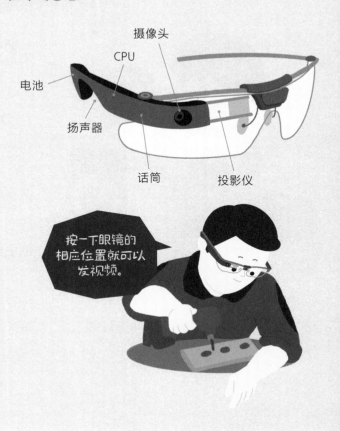

按一下眼镜的相应位置就可以发视频。

假如

如果有人用智能眼镜非法拍摄怎么办?

随着可穿戴设备的发展,偷拍并发送照片和视频变得更加容易了。可穿戴设备看上去就像衣服、眼镜、手表或戒指,便于携带,体积小,操作起来也更隐蔽。另外,由于这些设备是我们身上佩戴的物品,因此很难有效管制。

所以,在拍摄照片或视频的时候,我们有必要在可穿戴设备上加入某些功能,比如让设备在拍摄时发出较大的提示音。当然,我们还应严惩偷拍者。大家一定要记住,偷拍是严重的违法行为!

问题 4

戒指也能监测到心跳吗？

"扑通扑通，扑——通？"我们的心脏每天都在以同样的节拍跳动。但是，心房颤动*患者的心跳是不规则的。当然，他们的心脏并不是总在不规则地跳动，所以很难做出正确的诊断。对这样的患者来说，如果有一个可以每天监测心脏功能的心率监测戒指，就不会每次都要跑医院了，在家里也可以自己监测。

另外，身体健康的人也可以戴上智能手环，或在衣服纤维里植入芯片。这样就可以知道自己每天走了多少路、心率是多少、血压和体温是否正常等信息，相当于随身携带一位健康顾问！

只要有心率监测戒指，就可以随时自行检测心率。

* **心房颤动** 一种心律失常的病症

问题 5

穿上可穿戴设备，真的能变成大力士吗？

据说有人已经开发出可以让我们变成大力士的可穿戴设备了！这就是可穿戴机器人。我们提重物的时候，它可以帮我们减轻腰部的负担，提供更大的力量。穿上它之后，我们在搬运物品和弯腰时可以获得更大的支撑力。在需要搬运重物的工作中，这种装备可以派上大用场呢！

用 25% 左右的力量就能举起来，一点都不重！

智能眼镜、智能手表和智能手机的功能都很强大，但我们可能会忘记带上。如果有能贴在身上的可穿戴式设备，这个问题就解决了。目前，科学家已经开发出非常轻薄、轻便、可以贴在身上的可穿戴设备，这就是"生物印章"。

问题 ❻

可以把可穿戴设备贴在皮肤上吗？

用生物印章还可以解锁手机！

生物印章是把电子电路制成像薄薄的金箔*一样的形态，然后贴到皮肤上，它不会轻易掉落，皮肤起皱时也可以正常使用。除了监测人体的健康数据，它还具备防止儿童走失等多种功能。据说，将来人们会制造出更贴合身体、更舒适的可穿戴设备！

* **金箔** 用黄金制成的像纸张一样的薄片

把生物印章贴在身上

从外面反复按压

去掉外层的塑料膜，生物印章就贴好了！

物联网

连接所有事物的网络

照顾爱哭的孩子不是一件容易的事，新手妈妈更免不了手忙脚乱。检查体温后，孩子没有发烧，却还是一直哭闹，这时智能手机上弹出一条信息："该换尿布了！""对了！是该换尿布了！"很快，手机上又弹出了信息："尿布准备完毕！"原来，尿布盒已准备好尿布并自动订购了新的尿布。

物联网
(internet of things, IoT)

物联网指的是物与物通过网络相互连接并互换信息的技术。以前计算机只能和智能手机连接，但现在桌子、电灯、窗帘等所有事物都可以被赋予 IP 地址，因此它们可以随时互联互通。物联网的意思是"万物相连的互联网"。

是谁最早想出物联网的呢?

找不到电视遥控器的时候,你想过利用智能手机来找遥控器吗?在宝洁公司工作的凯文·阿什顿也产生过类似的想法。有一次,一位顾客想买一款人气口红,但工作人员找不到,顾客只能空手而归。于是凯文在口红上安装了电子标签,将产品连接至网络,之后用计算机一下就能查到产品放在哪里,以及卖了多少。这样一来,管理库存就变得容易多了。

后来,公司在肥皂、洗发水、牙刷等所有商品上都安装了电子标签。现在已经有很多物品通过物联网互相连接,预计到 2030 年,几乎所有的物品和空间都可以通过网络连接起来。

物联网需要用到哪些技术?

要把所有物体连接起来,就必须在每个物体上安装电子标签和传感器。电子标签由安装在物体上的小型电子芯片和天线组成,可以通过无线电波读取物体发送的信息。比如我们经过高速公路收费站的时候,收费站会自动计算费用。这就是电子标签的功劳。电子护照、交通卡和汽车智能钥匙等物品中都含有电子标签。

你在服装店里看到过这个东西吧?这里面藏着一个电子芯片哟。

这就是电子标签。

另外,传感器可以感知物体的状态并发送信息。人类通过眼睛、鼻子和嘴巴等感觉器官传递信息,物体则通过传感器来接收感觉信息。比如说,如果窗户上有传感器,窗户就可以感知阳光的强弱,在阳光强烈时自动拉上窗帘,挡住阳光。

此外,为了让物体和计算机服务器自由交换信息,必须有强大的无线网、蓝牙、5G 等无线网络通信技术的支持。也就是说,必须保证物体随时随地都能连接到网络。如今的无线网络通信技术已经非常发达,只要动动手指,我们便可以指挥地球另一端的物体了!

问题 3 ## 公交到站提醒服务也得益于物联网？

以前人们在等公交车的时候，由于不知道车什么时候能到，只能一直傻傻等待。这样很容易误事。现在，有的公交车站的电子屏会显示下一趟公交车在几分钟后到达，大家就不用担心会迟到了。如果这辆公交车晚点，我们可以选择搭乘其他公交车或地铁。那么，告诉我们每一站公交车在几点几分到达的人是谁呢？原来是公交车把自己的位置信息发送给车站，然后在车站的电子屏上显示出来。这就是物体和物体进行信息交换的例子。

机器和机器之间交换信息的过程被称为"机器对机器通信"（machine to machine, M2M）。

扫地机器人还可以抓小偷？

在几年前的以色列，LG 的扫地机器人曾抓到过闯入家中的小偷！因为扫地机器人内部装有传感器，可以感知家里的情况。当小偷打开房门进入房间时，扫地机器人立即感应到了，于是拍下小偷的照片，然后将照片传送到主人的手机上。照片中可以看到小偷打开房门进入房间，以及听到拍照声后仓皇离开的样子。这一切之所以能够实现，都是因为有物联网。是啊，谁能想到扫地机器人还能看家呢？

图片接收成功！

问题 5

物联网能让我们的家变得更智能吗？

在炎热的夏天，我们可以在外面用智能手机提前打开家里的空调；早上起床的时候，窗帘可以自动拉开，让我们看到外面灿烂的阳光；吃早餐时，智能叉子会根据震动频率自动分析我们吃饭的速度，并适时给出"慢点吃吧"之类的建议；戴在手腕上的智能手表能检查我们的身体状态，并自动调节室内温度；智能喂食器能自动检查宠物狗的进食量，然后按需喂食……

像这样无须指令就能自动采取行动的房子，是不是非常智能？这样的房子真的能造出来吗？其实，只要家中所有物体都能通过网络连接实现信息交换，这是完全可能的。除了房子，如果能将汽车、道路、教室以及更多的物体通过网络连接起来，我们的世界将成为名副其实的网络世界！

家里的所有物品都能通过网络连接起来的房子就是"智能的房子"，也叫"智能之家"。

如果有人入侵物联网呢？

假如……

　　如果把所有的物体都连接在一起，使用时确实会非常方便。但是，如果有黑客入侵我们的手机怎么办？以前只有手机被黑客入侵，可在物联网世界中，和智能手机连接在一起的所有东西都可能被黑客入侵。到了晚上可以自动拉起来的窗帘被黑客入侵的话，不会有什么大问题。可如果黑客入侵的是与窗帘相连的大门门锁，问题就严重了。再比如说，与患者的医疗器械或银行业务相关的物品被黑客攻击，或自动驾驶车辆被黑客攻击，就会发生非常危险的后果。因此，研究物联网技术的公司一致认为，开发出强有力的保安系统是当务之急。

云存储

信息的网络存储库

　　"呃——网页又打不开了！"你有没有因为网页加载太慢而感到烦躁？你的计算机里是不是储存了很多东西？如果计算机里存满了下载的歌曲和视频之类的，处理速度就会变慢，性能也会下降。如果有像行李保管公司那样能替我们保管信息的地方就好了！

云存储

云存储是指将信息储存在中央服务器上。也就是说，不是把很多信息储存在计算机里，而是放在云（通过网络连接的中央服务器）里面，需要的时候再拿出来使用。

"云" 指的是天上的云吗?

所谓的"云"并不是指天上的云朵。将信息储存在数据中心的服务器(云)上,而不是我们自己的计算机(本地)里,这就是"云存储"。使用云存储时,我们不仅可以在工作的计算机上查看资料,还可以随时随地访问存在网络里的相同的文件和应用程序。另外,就算储存的资料越来越多,也不必重新购买储存装置或担心信息丢失。在人工智能、大数据和物联网的时代,我们需要处理海量的信息,这时就必须用到云存储。

百度、谷歌等公司提供了邮件、相册等所有人都可以使用的公共云服务。还有一些企业为了防止个人数据泄露而使用个人云服务,不属于该企业的人将无法使用云服务。当然,也有人同时利用结合了公共和个人两种形态的混合云。

为方便设备冷却,保证数据安全,数据中心最好建在寒冷的地区。

我们储存在云端的信息实际上是被保存在一个很大的数据中心里。如果所有的信息都储存在同一个数据中心,那里发生火灾的话就糟了!因此,谷歌的数据中心分布在荷兰、芬兰、美国、巴西、澳大利亚等几十个国家和地区。数十万千米的光缆将位于不同区域的节点紧密连接,用于发送和调取数据。

我们差不多每天都在使用云存储?

朋友发来的电子邮件都被存储在哪里了呢?答案是,它们都被储存在电子邮件公司中央服务器的云端里。所以,只要知道用户名和密码,无论身在哪里,我们都能进入自己的邮箱并查看邮件。如果智能手机突然坏了,之前拍的照片都不见了怎么办?别担心!只要登录手机的关联账号,我们就能找到储存在云端里的照片,在自己的新手机上也可以看到。所以,我们每天不知不觉中都在使用云存储!

还可以从云端下载音乐听呢!

问题 3 无人驾驶汽车为什么需要云存储?

要研发无人驾驶汽车,就需要储存大量的驾驶记录和地图。但是我们总不能在汽车里装上一台超大的计算机吧。所以,设计无人驾驶程序时,云存储必不可少。这样汽车不仅可以轻松通过云端存储驾驶记录,还可以随时找出并查看需要的地图。不只是无人驾驶汽车,普通汽车也需要使用云端中的大数据。本田曾凭借亚马逊云系统收集到大量驾驶记录,将开发汽车所需的模拟时间缩短了三分之一呢。

无数的地图和运行记录都储存在云端。

云存储可以救人？

电影演员安吉丽娜·朱莉通过基因检测得知自己患乳腺癌的概率很高，因此提前接受了相关手术。基因检测服务刚推出的时候，需要花费约十七亿元人民币的巨额费用，但现在仅需几千块就能享受。这都得益于云存储和云计算！如今我们无须购买昂贵的计算机设备，也能用云存储和云计算快速处理海量的信息。有了这项技术，人们可以提前了解自己的遗传疾病并采取预防措施。

储存在云端的个人资料被泄露怎么办？

假如
⋮

在一个地方储存很多人的信息真的安全吗？云端储存了很多个人信息，一旦泄露，将造成巨大的损失。因此，我们要注意管理云数据，及时废弃出现故障的数据驱动器，时刻提高警惕，防止黑客入侵。

为了应对此类问题，我们还可以用"边缘计算"代替云存储。边缘计算不使用中央服务器，而是在个人设备附近处理信息。苹果手机的 Siri 就是智能手机边缘 AI 的例子，由于它的数据处理发生在设备边缘，不需要将设备数据交付到云端，有助于保护使用者的隐私。不过，由于边缘计算的存储能力有限，因而不够准确。

智慧城市

智能的城市

我们来到中国杭州啦！在快餐店点完汉堡，店员竟然不收钱，而是一直指着智能手机，这是什么意思呢？我赶紧看了下其他人，原来别人都是用手机点餐，甚至刷脸结账。啊哈！原来杭州可以不用现金，这是一座通过面部识别和智能手机进行交易的"无纸化城市"！真不愧是中国最具代表性的智慧城市之一啊！

智慧城市

智慧城市是指用尖端信息通信技术连接城市公共功能的城市。将物联网技术应用到城市系统中，城市就会变得智能，成为"智慧城市"。

什么是智慧城市？

提到智慧城市，你是不是想起了科幻电影里那种人们穿着银色的宇航服、坐在宇宙飞船里飞来飞去的城市？当然，在遥远的未来，我们的城市也可能会变成那种样子。但是，我们现在所说的智慧城市已经触手可及！智慧城市是指利用第四次工业革命中最尖端的信息通信技术，使城市更有效率地运转。这里用到的主要是物联网、人工智能和大数据等技术。

那么，智慧城市有哪些特别之处呢？首先，智慧城市可以通过物联网共享交通信息，因此不容易出现交通堵塞。此外，它还可以利用可穿戴设备和物联网来管理市民们的健康问题。身体不便的残疾人或年老体弱者可以利用打车软件随时乘车。在城市发展的过程中，我们还可以通过物联网收集市民意见，进一步提高民主水平。

电车充电　　智慧家居

智慧大厦　　智慧路灯　　　　　　　　　　　　　交通管理

物联网　　智慧医疗

垃圾处理　　治安　　　　　　　　　　　　　　　水质管理

有哪些具代表性的智慧城市的项目呢？

减少交通堵塞的智慧城市——英国伦敦

被堵在路上的时候真的很烦！英国的伦敦为了解决交通堵塞的问题，决定转型为智慧城市。交通管制中心24小时监控伦敦的公路网，市内的信号灯、道路上的传感器、监控和超级计算机等设备都通过网络连接在一起。SCOOT实时自适应交通控制系统能收集交通数据，调节交通信号，使车流顺畅前行。在没有交通堵塞的智慧城市，约会迟到的情况会大大减少！

节约能源的智慧城市——荷兰阿姆斯特丹

荷兰的阿姆斯特丹正努力成为能有效使用能源的智慧城市。那里的每个家庭都安装了智能能源计量器。计量器通过网络连接，可以随时掌握城市消耗能源的情况。居民可以实时看到家里的能源使用量，甚至每一件家用电器的用电量，然后规划如何有效地利用能源。此外，智慧路灯还能感知行人的通行量，只在人多的时候点亮，从而达到节约用电的目的。真是非常环保的智慧城市啊！

智慧路灯

智慧能源计量器

绿色智慧城市项目
——加拿大多伦多

加拿大的多伦多曾有过一个打造智慧环保城市的项目。2017年10月，城市创新公司 Sidewalk Labs 宣布与多伦多市合作，在一处码头区建造一个高科技社区，名为 Quayside。在这里，机器人会将垃圾和货物运送到城市的地下空间；马路上有无人驾驶的出租车和公共汽车；建筑设计方面最大限度减少碳排放，同时利用沼气减少环境污染。通过使用物联网和大数据技术，该项目可以有效缓解大气污染、气温和噪声带来的问题，加之谷歌母公司也参与其中，让很多人充满期待。但很遗憾，2020年5月 Sidewalk Labs 宣布不再继续这一项目。

重视健康的智慧城市——英国曼彻斯特

英国曼彻斯特的"城市活力项目"（CityVerve）尝试从多个方面打造智慧城市，涵盖了交通、能源、文化和健康等领域。曼彻斯特整个城市都有无线网络覆盖，所有信息都可以作为数据储存。利用增强现实技术，人们可以在公园观赏艺术品，还可以用智能手机应用程序了解自己在一天当中走了多少路。等等，为什么要了解人们在一天之内走了多少路呢？因为这些数据可以帮助城市管理系统了解公园在什么时候最繁忙，从而更好地规划相关的服务。

照顾市民健康的智慧城市——世宗

为了解决交通堵塞的问题，韩国世宗市建设了只允许无人驾驶出租车和无人驾驶巴士行驶的道路。城市管理系统还经常检查市民的健康情况，并及时汇总至医院。医疗系统已全部联网，可以随时共享医疗信息。世宗市的目标是成为一座拥有应急无人机和应急呼叫系统，能对市民健康负责的智慧城市。

广泛应用机器人的智慧城市——釜山

韩国釜山市计划用最尖端的信息通信技术建设一座智慧公园。据了解，该公园面积占整座城市的 30% 左右，规模非常大，而且将使用人工智能和物联网技术来管理。还有一个计划非常引人注目，即使用人工智能来管理整个城市的水资源。此外，釜山市正在努力变身为广泛应用机器人的智慧城市。到时候，辅助行动不便的人走路的机器人、停车机器人、搬运物品的机器人等都会活跃在釜山市的各个角落。怎么样，很令人期待吧？

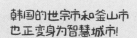

韩国的世宗市和釜山市也正变身为智慧城市！

农村也能像城市一样智能吗？

智能的农场
——智慧农场

由于地球变暖，天气总是变化无常。用于农业的土地和种地的人口正在减少，很多人担心未来会出现粮食危机。别急，使用物联网、大数据和人工智能等技术的智慧农场可以解决这一问题！智慧农场的意思是"智能的农场"，其内部最大限度地运用了物联网技术。而且，使用智能手机就可以随时随地远程管理农场！

智慧农场中的传感器可以掌握气温、湿度和土壤状态等信息并生成大数据，然后由人工智能整合农场的所有数据并进行分析，告诉我们种多少农作物为好，这样农产品就能以合理的价格出售。人工智能还可以分析农作物需要多少水和肥料，然后自动浇水、施肥，同时调节温室的湿度和温度。自动除草机能区分杂草和农作物，准确完成除草的任务。智慧农场多使用微生物菌肥，可减少对农药的依赖，而且人们不必在烈日下工作，农民伯伯们就不用那么辛苦啦！

据说，荷兰 80% 的西红柿和彩椒都是在智能温室里培育的。哇！在这种智能的农场里种出的西红柿会不会特别好吃呢？

编程

计算机时代的语言

"桌子底下又没打扫！"这个智能扫地机器人总是忘记打扫桌子底下，得重新设置一下了。该怎么弄呢？凑过去悄悄告诉它？如果它是美国生产的，要跟它说英语吗？听说给计算机下指令要用计算机的语言，也就是编程。那谁能教我编程呢？

编程

编程就是用计算机编写程序。说得再详细点，就是为解决某个问题确定好步骤，然后编写出执行这些步骤的程序，也就是写代码。这些代码决定了计算机执行程序的顺序。

问题 1 # 计算机是什么时候发明的？

在做很复杂的数学题时，你是不是也想过，要是有人能替自己计算出来就好了？其实，在很久以前，人们就尝试过制造能代替我们做运算的机器了。1833 年，英国人制造了一台"分析机"，用于完成复杂的算术运算，这就是今天的计算机的前身。1946 年，人们用真空管*制造了一台巨大的、可以填满一个大房间的计算机，叫 ENIAC。数学家花 20 分钟才能算出来的难题，它只用 30 秒就能算出来。这台计算机虽然能计算得又快又准，但因为体积太大，耗电量也很惊人，所以未能得到广泛使用。20 世纪 50 年代以后，随着真空管被晶体管*和集成电路*代替，计算机的体积得以缩小，价格也降低了，因此普通人也可以使用计算机。20 世纪 80 年代，个人计算机诞生了。它不仅可以完成复杂的运算，还能写文件和处理大量的数据。另外，随着网络的普及，我们还可以用计算机搜索信息，或是和远方的人交流。如今，随着计算机的发展，聪明的人工智能也被开发出来了！

* **真空管** 内部真空的玻璃管，电流可以通过。
* **晶体管** 用半导体材料制成的电子元件，可调节电流、电压并起到开关的作用。
* **集成电路** 将晶体管等形成的集成电路粘贴在半导体基板上，就做成了一块集成电路。

电子计算机 ENIAC

问题 2 什么是软件?

计算机由硬件和软件组成。硬件是计算机系统中实际装置的总称。而安装在计算机里,让计算机工作的程序就叫软件。如果把计算机比作一个人的身体,软件就相当于人类大脑中的想法。

播放音乐、收发电子邮件、闹钟、公交车到站提醒服务等功能都是通过软件实现的。电影院里的售票系统也要使用计算机软件。

问题 3 为什么要像计算机一样思考?

如今人工智能不仅应用于家庭场景中,在汽车、经济、教育等各个领域都被广泛使用。计算机软件因此变得更加重要了。我们开车时使用导航系统,或是感到热的时候打开空调等简单的事情都可以用软件操作。人工智能如此贴近我们的生活,理解它最好的方式就是通过软件,了解如何像计算机一样思考。像计算机一样思考就是"计算思维",即先了解问题,然后根据规则和程序进行逻辑思考。学会像计算机一样思考,能帮助我们提升在数字时代所必需的思考能力、解决问题的能力和创造力。

谁都可以学编程吗？

微软公司的创始人比尔·盖茨在上中学时就编写出了三连棋游戏"井字棋"的代码。这是一款由人与计算机对决的小游戏，是比尔·盖茨编写的第一个软件程序。脸书创始人马克·扎克伯格十几岁时也曾为父亲的牙科诊所开发过一款简单的办公软件 ZuckNet。

那么，编写计算机程序是只有天才才能掌握的技能吗？不是的。只要有兴趣，我们都可以学习编程。如今很多国家的学校都开设了编程课程，比如印度和英国，美国也利用苹果和脸书等公司制作的编程程序在学校教学生们编程。韩国从 2018 年开始在学校开设编程课。那么，我们只能在学校里学编程吗？不是的，所有人都可以在相关的网站上学习编程。

每个人都要学习编程。编程可以教会你思考的方法。

如果你会编程，你就能创造任何东西，任何人都无法阻止你。

13 岁时，我第一次学会了编程，以此为开端，我创立了微软公司。

苹果创始人乔布斯

脸书创始人马克·扎克伯格

微软创始人比尔·盖茨

算法难吗？

你煎过鸡蛋吗？如果你看过爸爸妈妈煎鸡蛋，就算没有亲手做过，也肯定知道煎鸡蛋的方法。那么，我们一起了解一下煎鸡蛋的步骤吧！

```c
1   #include<stdio.h>
2   int main(){
3       printf("把平底锅放在煤气灶上。\n");
4       printf("-> 打开煤气灶。\n");
5       printf("-> 看一下平底锅烧热了没有。\n");
6       printf("-> 倒油。\n");
7       printf("-> 把鸡蛋打到平底锅里。\n");
8       printf("-> 加盐调味。\n");
9       printf("-> 翻一下。\n");
10      printf("-> 看一下熟了没有。\n");
11      printf("-> 盛到碟子里。");
12  }
```

挑战开始！做一道美味的煎蛋！

① 把平底锅放在煤气灶上。

② 打开煤气灶。

③ 看一下平底锅烧热了没有。

④ 倒油。

⑤ 把鸡蛋打到平底锅里。

⑥ 加盐调味。

⑦ 翻一下。

⑧ 看一下熟了没有。

⑨ 盛到碟子里。

美味的煎鸡蛋完成了！

怎么样？煎鸡蛋的方法很简单吧？像这样先了解目标或问题，然后为解决问题制定步骤，这个过程就叫"算法"。算法是编程工作的基础，最重要的是决定按什么顺序做什么，而找出最有效的顺序是关键。在编程中，算法可以用顺序图、自然语言、计算机语言*等方式来表示。在编程的算法中，每一步都需通过选择"是"或"否"来决定正确的方向。

* 计算机语言 人与计算机通信的语言

编程时使用什么语言？

需要做复杂的计算时，如果对计算机说："计算机，帮我计算！"计算机会执行我们的命令吗？很遗憾，如果用韩语、英语、西班牙语等人类使用的语言或文字来下达命令的话，计算机根本就听不懂。因此，我们需要用计算机能听懂的语言来编写程序。

我们可以用特定的符号编写出计算机能听懂的语言。这种符号系统叫"编程语言"。事实上，计算机只能识别"是"和"不是"，或"1"和"0"。所以，只要遵循一定的符号系统规则，一直判断"是"或"不是"，就能形成逻辑电路。编程语言有 Python、C 语言等不同种类，想要学编程，就必须学习编程语言。感觉很难，所以不敢尝试？其实，只要肯花时间，任何人都能学会。Scratch 编程工具甚至不用代码，只要拖动模块就能完成编程，非常适合青少年学习！

在 Scratch 软件的主界面添加模块

Scratch 编程中的模块

很容易就能在屏幕上运行程序！

Scratch 运行程序的画面

区块链

安全的金融交易

　　"请给我送两张比萨，跑腿费是 10 000 比特币。"2010 年，美国佛罗里达州杰克逊维尔市的拉兹洛在一个比特币论坛中发帖，询问是否有人愿意接受 10 000 比特币，帮他在店里订两张比萨。最终，在 4 天后的 5 月 22 日，真的有人送来了比萨，报酬则是按照当初的约定支付，跑腿人获得了 10 000 比特币。比特币是虚拟货币，根本摸不着，怎么会有人愿意要虚拟货币呢？

全球首例比特币交易！

> **区块链（block chain）**
>
> 区块链就是由"区块"（block，储存数据的单位）连接成的"链条"（chain）。这个链条被保存在所有的服务器中，如果要修改区块链中的信息，必须征得半数以上服务器的同意，因此，改动区块链中的信息是一件极其困难的事。相比于传统网络，区块链记录的信息更加真实可靠，可以解决人们互不信任的问题。

问题 1 # 谁是第一个创建区块链的人？

最早创建区块链的人是日本的中本聪。2008 年发生全球金融危机时，中本聪认识到在政府和中央银行管理下的金融系统存在风险，于是开发了可以让个人和个人直接进行金融交易的区块链技术。2008 年 10 月，中本聪发表了一篇关于区块链的论文，很多计算机领域的专家看到这篇简短的论文后都感到非常震惊。这可是一项无人想到过的、具有划时代意义的新技术！

谁都不知道中本聪到底是谁。很多人推测，中本聪可能是假名。

✔ 不需要政府或中央银行这样的管理者。

✔ 其中的信息无法被篡改或伪造。

✔ 即使出现故障，系统也不会停止运行。

区块链的所有交易参与者都能共享信息，即使没有管理者，也可以保证信息的安全。因此它被称为"不能耍赖的账本"。

即使没有管理员，也不会被篡改；就算出现故障，也不用担心信息丢失。太神奇了吧？

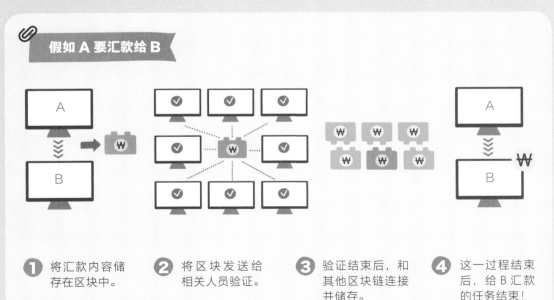

假如 A 要汇款给 B

1 将汇款内容储存在区块中。

2 将区块发送给相关人员验证。

3 验证结束后，和其他区块链连接并储存。

4 这一过程结束后，给 B 汇款的任务结束！

区块链技术创造了一种新的货币？

很久以前，人们用贝壳、粮食、麻布等物品来换取自己需要的东西，也曾用金银换取物品。这种在交换物品时可以使用的交换工具就是货币。现在，人们使用的货币一般是纸币或硬币。

创造区块链的中本聪想，能不能创造一种只在网络上使用的货币呢？2009 年，他发明了一种看不到也摸不着的货币。这就是"比特币"。因为没有实体，所以人们担心它们会突然消失。正因如此，比特币利用了区块链技术，人们可以将自己持有比特币的记录共享给交易者们，这样就不用担心自己的比特币会消失，从而保障了资金的安全。

比 特 币

问题3 # 怎样才能获得比特币呢？

想拥有比特币，需要按照既定的数学规则用计算机破解复杂的数学难题。最先破解出难题的人就能得到比特币奖励。所以，比特币又被称为加密货币，而获取比特币的行为被称为"挖矿"。

你们知道韩国货币的单位是什么吗？没错，韩国的货币单位是韩元，比如 100 韩元、500 韩元。而美国的货币单位是美元。同样，比特币也有单位，那就是 BTC，它是"比特币"的英文单词 bitcoin 的缩写。

> 比特币是看不见的，因此也叫虚拟货币。中本聪第一次挖出了50BTC。

比特币没有汇率，无论在哪个国家都是一样的。这样就不必像其他货币那样计算汇率，因此非常容易结算。加密货币并非只有比特币，还有以太币、比特币现金、莱特币、NEO 等多种加密货币。

> 拉兹洛用 10 000 BTC 买两张比萨的时候，1 BTC 约等于 0.004 美元。但是，比特币的价值在之后迅速飙升。拉兹洛购买的那两张比萨，假如按照最高峰时的比特币价值进行换算，约等于 7 亿美元。这样算下来，拉兹洛吃掉的比萨，约等于 3.5 亿美元一张。要知道，在当时的杰克逊维尔市，一张比萨的平均价格大概是 14 美元。

为什么说区块链比银行更好？

平时为人们提供金融服务的主要机构是银行。银行可以为人们保管金钱，也可以出借金钱，这些交易记录都会被保存在银行的服务器上。为保证资金的安全，银行往往会设置双重或三重保安系统，以防止黑客入侵。区块链中却没有银行这样的管理机构，个人和个人之间可以直接进行金融交易。但是，参与交易的所有人都可以共享记录金融交易的账簿。

那么，到底哪一种更安全呢？假如黑客入侵了银行的交易系统，删除了我们在银行里存钱的唯一一份记录，想找回这笔钱可不容易。所以银行需要花费很多力气保证资金的安全。但是，在区块链中，即使黑客从一个人的交易信息中删除了我们的交易信息，其他人那里也依然存有我们的交易信息，这样就不难找回我们的钱了。因为交易信息分布在多处，所以我们既不用担心信息丢失，也不用支付保管费，真是非常方便。

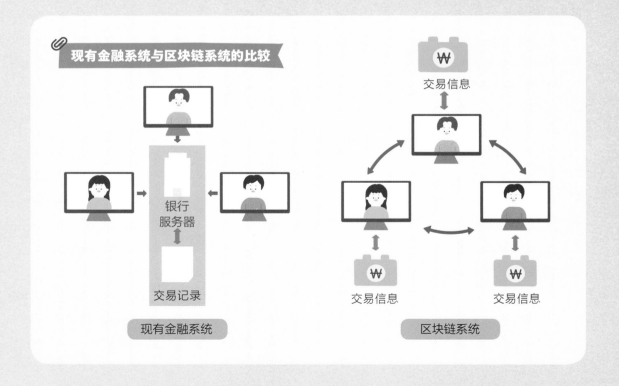

现有金融系统与区块链系统的比较

交易信息

银行服务器

交易记录

交易信息　　　　交易信息

现有金融系统　　　　区块链系统

区块链能阻止钻石的黑市交易吗?

钻石是一种非常昂贵和珍稀的宝石。然而,非法采集、买卖钻石的黑市交易屡禁不止,这让钻石公司非常伤脑筋。因此,英国的钻石公司 Everledger 决心加强钻石生产和流通的可追溯性及透明度,让钻石流通的每一个环节都留下确切的记录。钻石的所有信息被即时储存到区块链中,自然不用担心黑客攻击的问题了。

问题 6　你听说过 "电子爱沙尼亚" 吗?

位于东欧的小国爱沙尼亚拥有一套电子政务系统,名为 "电子爱沙尼亚" (E-Estonia)。在该国,个人名下的建筑物、车牌号、医疗记录和宠物相关的信息等都可通过电子身份证查询。 就算突然更换医院,用电子身份证也可以查到所有的诊疗记录,无须再接受重复的检查,也不用复印家庭关系证明等纸质文件。

不过,如果这些信息被窃取了怎么办? 其实不用担心。利用区块链技术开发的电子政务系统 "电子爱沙尼亚" 能够最大限度保证信息安全! 另外,区块链会保存访问痕迹,如果发现有人未经允许查看了信息,也能采取相应的措施。得益于区块链技术,爱沙尼亚成了电子政务的领头羊。

共享经济

我的东西大家一起用

　　"演奏会要穿的礼服很贵，可是买回来一共也穿不了几次。"你有过这样的烦恼吗？有些东西和礼服一样，虽然不经常用，但偶尔会用到。这种时候，如果有人把自己的东西借给我们救一下急就好了……这样可以避免浪费。可是，拥有礼服的人和需要礼服的人怎样才能联系到对方呢？

共享经济

共享经济是指拥有闲置资源的人把资源分享给别人用，是一种大家相互借用的经济活动。可以共享的不只是物品，还包括生产设备和服务等。在共享经济中，个人不需要拥有这些资源，而是必要时借来使用，有资源的人不用这些资源时则借给别人。

共享经济的优点和缺点是什么？

　　不买礼服，而是借来穿，这样做有什么好处呢？首先，工厂不必制作那么多衣服，避免了资源浪费。其次，不用穿一次就扔掉，减少了垃圾。此外，借用礼服的人花很少的钱就能借到礼服，而借出去的一方也能赚到钱。

　　那么，共享经济只有优点，没有缺点吗？有了共享经济，制作和出售礼服的人可能无法售出商品，而由于共享物品的双方不是当面交易，东西的质量可能不好，交易也可能不安全。

> "共享经济" 一词由美国学者马科斯·费尔逊和琼·斯潘恩在1978 年首次提出。

共享经济有哪些平台？

　　需要礼服的人和能出借礼服的人需要一个能联络上彼此的地方。在共享经济中，能将需求方和借出方连接起来的地方就叫"平台"（platform）。英文单词platform 最开始指的是站台，即火车站里方便旅客乘车的平台，现在也指基础框架。就像坐火车的人和下火车的人可以在站台见面一样，需要东西的人和出借东西的人互相联系的地方就是平台。大家可以在这里公平交换。

> 个人对个人的交易被称为 "P2P"（person to person）。在共享经济中，所有的个人既是供应者，又是消费者。

爱彼迎 — 🏠 — 住宿信息共享平台

ssocio — 🎠 — 育儿用品共享平台

SOCAR — 🚗 — 汽车共享平台

问题 3

共享经济包括哪些?

打不到出租车呢!用优步叫辆车吧!

动动手指就能叫到出租车——优步

　　2009 年,连接乘客和司机的应用程序"优步"诞生了。优步和出租车公司有什么不一样呢? 普通出租车公司拥有很多出租车,但优步却一辆都没有,它只是把有车的人和乘客连接起来。乘客们在优步应用程序申请乘车,就可以找到有车的司机。这样乘车比坐普通的出租车便宜,只要有智能手机,随时随地都可以打到车,因此很受欢迎。使用者还可以实时确认预约车辆的位置,真的非常方便。

优步的使用方法:

❶ 在智能手机中打开优步应用程序

❷ 登录个人账户

❸ 申请叫车

❹ 输入乘客位置和目的地

❺ 实时确认优步司机的资料、时间、费用等信息

❻ 乘坐优步到达目的地

❼ 用已登记的信用卡自动结算

自由的百科全书
——维基百科

维基百科是每个人都可以参与编辑的网络百科全书。网络用户既可以在他人上传的内容上添加内容，也可以修改错误的信息。随着使用者的增加，维基百科涵盖的内容已经不亚于著名的《不列颠百科全书》。这是因为维基百科是一个可以让所有网络用户共享知识的开放型知识平台。

每个人都可以轻松上传信息，正因如此，也会出现一些错误的信息。

"谷登堡计划"是一个提供版权过期书籍的协作计划，它是世界上第一个数字图书馆，所有书籍的录入都由志愿者完成；"开源食品"是共享烹饪方法的网站。

来我家住吧
——爱彼迎

你想在出国旅行时住在当地人家里吗？这样既能感受那个国家的文化，住宿费也很便宜。美国旧金山的乔·格比亚、布莱恩·切斯基和内森·柏思齐把家里闲置的空间出租给别人，同时提供充气床垫和早餐，这就是"爱彼迎"（Airbnb）的开始。Airbnb 一词是 airbed and breakfast 的缩写。这家公司始于 2008 年，至今仍深受各国游客的欢迎。

共享经济可信度高吗？

坐陌生人的车，住陌生人的房子，会不会让人感到不安呢？没错，司机有可能不够亲切，房子也可能比照片上看到的要旧得多、脏得多。因为现实中出现过类似的情况，共享经济的可信度也成了新的问题。因此，共享经济中最重要的是"信任"。

那么，在使用网络平台时，要如何互相取得信任呢？首先，我们可以看一下网站里的用户评价。这些评价来自实际使用过的人，因此很有参考价值。另外，对爱彼迎来说，房主和房客都可能对对方怀有戒心，这时不妨去看一下对方的社交媒体账号。我们还可以通过身份验证信息查看对方是否有犯罪记录，从而大大提高安全系数。

129条评价

社交媒体

韩国有哪些共享经济平台？

虽然不是每天都坐车，但有时我们必须要用车。汽车共享平台 SoCar 就是为无车一族打造的平台。这样一来，就算自己没有车，需要的时候也可以找到。去面试的时候肯定要穿职业正装，有了"开放的衣橱"，面试前就不必购买昂贵的正装了！我们可以借一套来穿。有时候借出者还会在衣服里装上一张预祝面试成功的卡片或纸条，去面试的人穿上时一定会更加自信！此外，韩国还有共享儿童成长期衣物的"奇普"，以及共享书籍的"国民图书馆书架"等平台，这些都是韩国具有代表性的共享经济服务。

② 借给需要的人

"开放的衣橱"
使用过程

① 发布出借闲置衣服信息

③ 转交衣服和信息

⑤ 写信向出借人表示感谢

④ 穿上衣服，参加重要活动

个人即平台

坐上时光机，看未来的共享经济

未来通信将更加便捷，使用各种社交软件的人也会越来越多。随着物联网技术的发展，人和物都能连接在一起的超连接时代来临了！为迎接这一时代，在全世界拥有众多使用者的脸书用区块链技术开发出了加密货币。也许未来我们根本不需要优步或爱彼迎这些平台，所有人都可以通过脸书直接创建共享经济平台，然后用加密货币结算。

储能系统

能量的储蓄罐

好热啊！在炎热的夏天回到家里，我们最想做的事就是吹空调！打开空调，咦？怎么没有冷风？电风扇也用不了。冰箱里的冰都融化了！原来，这是因为大家都在用空调，导致电力供应不足。那么，能不能多发点电，然后储存起来呢？

储能系统

(energy storage system, ESS)

顾名思义，储能系统是指能将发电站生产的电力储存起来，待到电力不足的时候再释放的一种储存系统。不妨把它想象成一个能量储蓄罐，这样是不是就容易理解了？

问题 1　什么是能量？

能量是指工作的能力。我们的身体想要行动，汽车想要移动，都需要能量。通常来说，我们所熟悉的电、光、热等都是能量。除了电能、光能、热能，还有运动物体具有的动能和高处物体具有的位能等不同形式的能量。而且，这些能量的形态是可以相互转化的。

问题 2　为什么要储存能量？

在第四次工业革命时代，我们生活中使用的众多技术都需要大量电力的支持。储能系统可以稳定地供应电力，不仅能利用太阳能、风能等发电并储存电力，还可以在电价低廉的时候储存电力，以供不时之需。发生大规模停电事故时，有能量储存系统就有备无患了。另外，为了应对自然灾害，我们也需要未雨绸缪。在韩国的企业中，LG 化学和三星 SDI 的锂电池电能储存技术已走在世界前列。

电池是一种能量储存装置。可以这样理解：储能系统是能比一般电池储存更多能量的大容量电池！

问题 3

我们应该更多地使用哪种能源？

目前我们使用最多的石油、煤炭、天然气等能源都是经过亿万年形成的化石燃料。但是，人类大量使用化石燃料已导致地球变暖、气候恶化。而且这类能源储量有限，总有一天会枯竭。此外，利用核能存在泄漏的危险。如果发生核泄漏，就像日本福岛核电站事故那样，会引发严重的环境问题，非常不安全！

我们应该在不污染环境的前提下，尽量使用可持续能源。所谓的可持续能源包括太阳能、风能、藻类能源、地热能、波浪能和氢能等形式。但是，可持续能源会受到天气和位置的影响。为了更稳定地利用能源，我们应该将其保存在能源储存装置中使用。

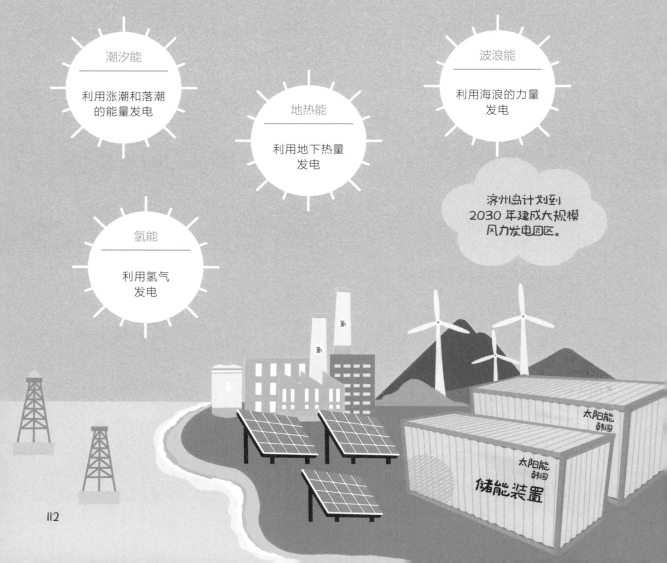

潮汐能
利用涨潮和落潮的能量发电

地热能
利用地下热量发电

波浪能
利用海浪的力量发电

济州岛计划到2030年建成大规模风力发电园区。

氢能
利用氢气发电

太阳能
韩国

太阳能
韩国

储能装置

问题 4

城市里怎样才能有效节约能源?

生产和储存能源很重要,杜绝能源浪费也很重要。因此,很多城市都引入了智能电网。智能电网是指利用尖端信息通信技术在用电者和发电者之间实现信息交换,做到根据需要发电并供应电力的电力网。

例如,发电站会分析我们家的用电量等大数据,然后把足够的电输送到家里。剩余的电会被储存在能量储存装置中。有了智能电网,我们可以从根本上解决电力浪费的问题,从而做到稳定用电。在需要大量电力的第四次工业革命时代,智能电网是必不可少的。

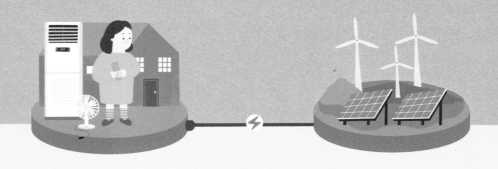

坐上时光机,看未来的储能系统

未来,你也能成为钢铁侠

在电影《钢铁侠》中,钢铁侠在心脏附近安装了一个方舟反应炉,其功率为 300 万千瓦。在未来,普通人也能拥有这样强大的能量源吗?

我们可以利用核聚变来获得巨大的能量。太阳能一直熊熊燃烧至今,也得益于核聚变产生的能量!但是,通过核聚变产生能量需要非常高的压力和温度,所以相关实验一直没有成功,制造便携式装置更非易事。不过先不要失望!通过核聚变获取能量的相关研究正在持续进行。在未来,说不定我们也能像钢铁侠一样随身携带能量源呢!

新材料

拥有全新性能的尖端材料

在史前时代，人们用石头制作斧子，以打猎为生；在工业革命时期，人们用铁制造出蒸汽火车，将物品运送到全世界；后来人们又用硅制造半导体，个人计算机时代由此拉开帷幕。能用什么样的材料制作什么东西决定了人类文明发展的面貌。今后我们还会开发出什么样的材料来改变我们的生活呢？

新材料

新材料是指利用新技术制成、具有新性能和新用途的材料。新材料是信息通信、生命科学和新能源的基础，是引领第四次工业革命时代的主要因素之一。因此，科学家正在努力开发新材料。

人类经历了石器时代、青铜器时代和铁器时代，现在又是哪种材料应用最为广泛呢？事实上，我们正生活在塑料的时代。从 20 世纪 80 年代开始，塑料的消耗量就已超过了铁的用量。大到家具和生活用品，小到人造骨头，塑料等高分子物质*都在我们的生活中发挥了非常大的作用。但是，塑料不能自然降解，会带来严重的生态破坏和环境问题。这必须引起我们的重视。

*   **高分子物质** 分子量比较大的物质，不易被分解

还有一种新材料非常引人注目，那就是硅！硅可以让电流通过，也可以切断电流。我们利用硅的半导体特性制造出计算机芯片，计算机这一伟大的发明才得以诞生。硅树脂已用于制造人工智能机器人，也是一种开启了新时代的新材料。

新材料包括哪些？

石墨和钻石

* **海水淡化装置** 把海水变成淡水的装置

让屏幕弯曲——石墨烯

你知道吗？铅笔芯和钻石的关系既近又远。从表面上看，它们是两种完全不同的物质，但其实它们都由碳元素组成。因为在地表深处承受了高温和高压，最后才产生了与石墨的性质完全不同的宝石。

除了钻石，还有一种物质也由碳组成，但性质不同。石墨具有层状解理特性，可以逐层剥离，于是科学家在石墨上小心翼翼地粘上一层胶带，然后撕下来，再用新胶带与这条胶带对粘后再撕开，如此反复操作，直至胶带上的石墨层薄到只有一个碳原子的厚度。这时，一种神奇的物质诞生了！它就是 21 世纪的新材料之王——石墨烯。

石墨烯的导电性是半导体硅的 100 倍，比钢铁硬 200 倍以上，比钻石的导热性更好，且伸缩性强，可用于制造可弯曲的液晶显示屏和电子纸等物品。由于它轻便又强韧，还可用于制造无人驾驶汽车、飞机、大规模海水淡化装置*和放射性废弃物处理装置等设备。

俄罗斯裔科学家安德烈·海姆和康斯坦丁·诺沃肖洛夫因为发现石墨烯而获得了 2010 年的诺贝尔物理学奖。

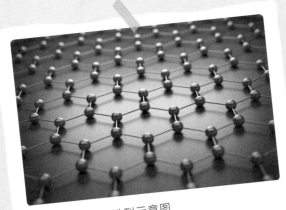

石墨烯的碳原子排列示意图

优秀的 3D 打印材料——钛

　　钛的硬度较高，但重量只有同体积的铁的一半左右，可以说非常轻了。而且，它还不容易被腐蚀。这三大优点让钛成为人气金属。由于质量轻、硬度高和不易腐蚀，钛非常适合在水中使用。因此，钛可以用于制作海底管道，或是可移植到湿润的人体内部的物体，比如人工骨骼和种植牙等。

　　另外，钛也是最优秀的 3D 打印材料之一。2016 年，韩国成功完成了一例 3D 打印纯钛头盖骨的移植手术。医生用 3D 打印机打印出患者需要的钛头盖骨后，在手术中成功将其固定到了患者缺损的头部。二者之所以能精确结合，都得益于钛金属轻盈、坚硬的特性。

据说钛的英文单词 Titanium 源自希腊神话中高大有力的神族泰坦（Titans）。它的化学符号是 Ti，原子序数是 22。

收集太阳能——钙钛矿

在第四次工业革命时代，能源是最重要的课题之一。因为所有技术都以稳定、可持续、高效的能源为基础，比如太阳能这样的可再生能源。因此，寻找能够有效收集太阳能的材料就变得非常重要了。

在能够收集太阳能的材料中，钙钛矿尤其受到人们的关注。钙钛矿太阳能电池与硅太阳能电池一样，可以将光能转变为电能。它的结构非常独特，发电效率极高。这意味着它可以收集更多的电能。而且，它可以在低温时被制成溶液，然后薄薄地涂到其他物体上。

钙钛矿矿石

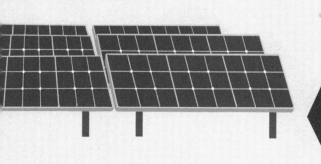

钙钛矿太阳能电池还可印在胶片上，成为柔性太阳能电池。

想想吧：钙钛矿太阳能电池可以利用太阳光产生大量电力，在低温下可以制成溶液，加工费用也能大大减少。而且它的延展性好，几乎可以做成任何你想要的形状。难怪它会成为太阳能电池领域的新宠！虽然它不防水、不耐热，但科学家正在摸索克服这一问题的方法。总体来说，钙钛矿的前景还是非常值得期待的。

磁悬浮汽车的特级秘密——超导体

　　我们都知道，电器用久了会发热，这是因为电能不会全部转化为电器的机械能，还有一部分会转换为热能。能把电全部用在需要的地方时电阻为零，这时电能没有产生任何损耗。在温度降到一定值时，超导体的电阻值可以降为零，这意味着没有电能损耗，所有电能都能用在需要的地方。我们已经知道智能电网是按需供电的，因此超导技术对智能电网非常重要。

　　超导体的另一个特点是具有很强的电磁特性。利用这一特性，我们可以制造出磁悬浮列车，即依靠轨道的磁力使车身悬浮在空中的高速列车。因为某些物质在低温时才会出现超导现象，比如水银和钕，所以我们可以根据这一特性将其用于磁共振成像和核聚变装置*的开发。如果能开发出在常温状态下具备超导性质的新超导物质，我们就可以利用磁悬浮列车的原理制造出磁悬浮汽车了。想象一下汽车在空中悬浮的场景吧，是不是很期待呢？

＊ **核聚变装置** **利用氢核聚变反应制造能量的装置**

119

人脑工程

电子脑的第一步

2017 年，帮助瘫痪病人将其想法显现在计算机屏幕上的实验成功了！这是怎么做到的呢？原来是通过分析患者大脑发出的信号（脑电波）实现的。心里想到什么无须动手就能写出来，很不可思议吧？那么，我们能否仅靠意念操控物体呢？

大脑植入设备能恢复人的记忆吗？

* 神经元 构成神经系统的基本单位细胞，通过电刺激传递信号

如果某天我们失去了所有的记忆会怎样？认不出自己深爱的家人和朋友，该是一件多么悲伤的事啊！如果经历了战争，人的大脑很可能受到创伤，甚至因创伤失去记忆。据说，因阿富汗战争失去记忆的美国军人有多达 27 万！

为了找回这些军人的记忆，科学家计划在他们的大脑中植入芯片。就像牙医为我们取出坏掉的牙齿并植入种植牙一样，在脑中放入像计算机芯片一样的脑部芯片，可以取代大脑中受损的神经元*。这样一来，即使提取记忆的大脑出现问题，也能重新唤醒记忆。

人脑工程的发展起步较晚，因为研究这门学科需要融合很多其他领域的尖端技术，比如认知科学技术、生物技术、纳米技术和计算机技术等。

人脑工程能让瘫痪患者动起来吗？

"慢点儿！慢点儿！"只见在场的所有人都紧张地屏住呼吸，将目光集中在因跳水事故而四肢瘫痪的伊恩·伯克哈特的手部。看到伯克哈特慢慢地握紧了自己的拳头，大家忍不住欢呼起来，伯克哈特也非常激动。这都要感谢"神经桥*"技术。原来，研究人员在伯克哈特的大脑中植入了一个宽 3.81 毫米、由 96 个电极组成的微型芯片。芯片读懂了大脑希望移动手指的信号后，马上将其传达给肢体。也就是说，芯片可以代替受损的神经向肌肉发送电信号，指挥瘫痪的手动起来。得益于人脑工程，四肢瘫痪的患者、脑卒中患者和脑损伤患者们也能重获运动能力了！

* **神经桥** 通过微芯片转译脑部发出的信号并将其传给瘫痪肢体的技术

模仿人脑的计算机芯片？

* **突触** 神经元之间相互接触并借以传递信息的部位
* **兆瓦** 100 万瓦特
* **元件** 某种装置的构成要素，或具有固定功能的零部件

你想象过模仿人脑的计算机芯片吗？科学家一直在为制造出模拟人脑功能的芯片而不懈努力，这就是大脑芯片。那么，为什么要研究模仿人脑的芯片呢？因为人脑中的无数神经元通过突触*的连接形成神经网络，我们的动作和反应都是靠神经元来传递信息，但人脑的功率却比计算机少得多。假如人脑做某件事情需要 20 瓦特功率，计算机就需要 2 兆瓦*功率。因此，如果芯片可以模仿人脑，人工智能就会变得更加节能。

美国国防高级研究计划局已经启动了一个名为 SyNAPSE（神经形态自适应可塑可扩展电子系统）的项目，旨在开发低功耗电子神经形态的计算机。如果实验成功，其能效将比超级计算机高出 2 000 倍。此外，韩国科学技术研究院也开发出了模仿神经元突触的神经信号元件*。未来如果能在人类的认知、学习、记忆等领域开展更深层次的人脑工程研究，我们一定可以制造出更加高效、节能的计算机！

人脑能像人工智能计算机一样吗？

假如……

计算机的发展速度比我们想象的还要快，所以很多人都在担心计算机最终会主宰人类。但是你有没有想过，如果人脑也像人工智能一样聪明会怎么样？那就不用担心人类会被机器支配了。特斯拉的首席执行官埃隆·马斯克成立了一家名为"神经链接"（Neuralink）的科技公司，旨在研究一项连接人脑和计算机的技术——神经织网。这项技术可以在人脑中植入超小型 AI 芯片，将人脑中的想法和记忆传送到计算机中。人们可以把记忆储存在计算机服务器里，同时从计算机中下载自己需要的外语和其他知识。这样一来，人脑的容量就可以无限增大。但是，这项技术也可以用来删除和控制他人的记忆和想法，实在让人担心。

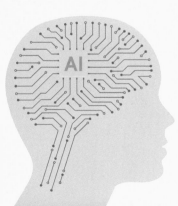

手机智人

通过智能手机进化的人类

你计算过自己一天在智能手机上花多少时间吗？不管是查找资料，还是编辑视频，我们都会使用智能手机。此外，孩子会用手机上网课，妈妈则会用手机看新闻。使用手机网购也非常方便。我们的生活已经离不开手机了！

手机智人
(phono sapiens)

指那些把智能手机当作身体的一部分来使用的人。

关于智能手机的普及率

美国的皮尤研究中心曾调查过 27 个国家智能手机的普及率。结果显示，2018 年，韩国智能手机的普及率最高，为 95%，而手机普及率为 100%，也就是说几乎人均拥有一部手机。据说韩国是唯一一个人人使用手机的国家。从这一调查结果来看，韩国已是一个可以将所有人连接起来的"连接社会"。

七个发达国家的手机普及率

国家	智能手机	普通手机	没有手机
韩国	95%		5%
以色列	88	10	2
荷兰	87	11	2
瑞典	86	12	2
澳大利亚	81	13	6
美国	81	13	6
西班牙	80	18	2

我们先来看看人类是如何进化的。继出现可以用双脚站立行走的"南方古猿"之后，又出现了可以用手制作工具的"能人"；之后出现了可以直立行走并会使用火的"直立人"；再后来又出现了有智慧的"智人"，其中的"晚期智人"已经是现代意义上的人类了。而"手机智人"指依赖智能手机的现代人，并不是真正的分类。但这个词也提醒我们，许多人都沉迷于智能手机，已经手机中毒了！

手机智人是新人类吗？

"手机智人"（phono sapiens）是模仿"智人"（homo sapiens）一词的结构创造出来的新词。

问题 3

手机智人看电视吗?

在过去,全家人晚饭后都会聚在电视机前一起看电视剧。很多人还有在早上看早报的习惯。但这样的情景现在已经越来越少见了。

手机智人们很少看电视。他们不喜欢单方面地被动接受信息,而是希望自己选择时间找自己想看的内容。他们主要通过社交媒体或短视频平台获取信息,消费也以网络购物为主。他们会自己寻找信息,创造新的产业。比如有人觉得现有的出租车服务不够方便,于是开发了可用智能手机乘车的应用程序——优步!

苹果、谷歌、亚马逊、脸书、阿里巴巴、腾讯等有代表性的互联网企业非常重视分析手机智人的数码痕迹,并通过大数据开展研究。所以企业可以准确地掌握人们的想法,然后为他们提供想要的信息,让人们享受更便利的生活。手机智人正用智能手机和大数据替代单方面提供信息的电视等媒体,创造一个新的世界!

如果哪天出门没带手机，你会觉得不安吗？你可能担心朋友会发来重要的信息，或好奇社交软件上是否更新了有趣的动态。最近很多人说自己一离开手机就会感到不安。英国剑桥词典甚至选择 nomophobia（无手机焦虑症）作为 2018 年的年度词语。

nomophobia 是 no mobile phone phobia（没有手机就会感到恐惧）的缩写。它指的是手机中毒的症状已经非常严重，所以使用了意为"恐惧症"的 phobia。如果离开手机 5 分钟都坚持不了，或出现暴力反应，就算患有无手机焦虑症了。

长时间使用智能手机会导致视力和注意力下降，走路时看手机还容易发生事故，所以我们一定要避免陷入无手机焦虑症！据说如果一天中使用手机的时间超过 3 个小时，我们就很可能患上无手机焦虑症。使用智能手机一定要适度啊！

问题 4

你是手机智人吗？

请这样使用手机！
1. 定好具体的使用时间，到点了就尽量不看手机。
2. 使用手机的时候要端正姿势。
3. 长时间看手机后多做伸展运动。
4. 走路时不看手机。
5. 在公共场所要遵守基本礼仪，比如不外放手机声音等。

第三部分 消失的职业，新生的职业

在第四次工业革命时代，工作岗位会消失吗？

有无人机配送货物，无人驾驶汽车在道路上行驶，机器人在工厂工作，还有哪些工作岗位可以留给人类呢？世界经济论坛的创始人施瓦布曾表示，第四次工业革命会使发达国家的710万个工作岗位消失。高度发达的人工智能问世后，更多的工作岗位会受到威胁。

纯体力劳动或技术含量低的职业以后会特别难找到工作。像烟囱清洁工、电话接线员或打字员之类的职业目前多已消失。在今天，即使是税务师、律师、证券分析师等职业都可以用人工智能来替代。

但是，不是所有的工作岗位都会消失。回顾过往工业革命的历史，在职业种类急剧变化的同时，也出现了不少新兴职业。当然，就像英国的工业革命时期一样，在此过程中很多人会遇到困难。

那么，在第四次工业革命时代，哪些职业比较有前途呢？答案是管理人工智能和机器人的职业、与网络和软件相关的职业，以及与医疗领域相关的职业。

●**人工智能专家**

指开发能像人一样思考和学习的人工智能程序的专家。想成为人工智能专家，就需要学习与软件相关的专业知识，包括计算机工程、信息工程、信息系统、数据程序设计等方面的专业知识。

●**人工智能伦理专家**

为人工智能开发的伦理问题提供咨询服务。需要了解软件工程、计算机工程、人工智能、伦理学等领域的知识。

●**机器人顾问**

负责开发机器人、研究机器人、销售机器人，是设计机器人整体项目的职业。需要具备机器人工程、机械工程、经营学等方面专业知识，还需要了解经济和经营问题。

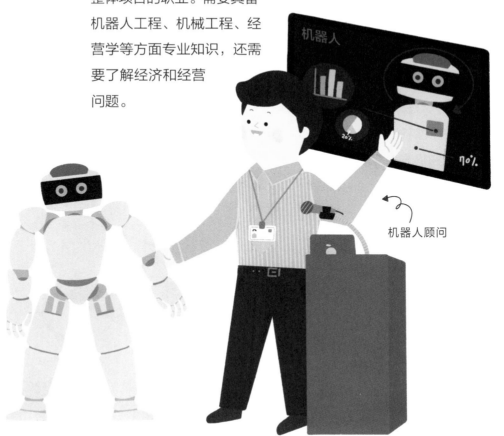

机器人顾问

生物机器人专家

●信息保护专家

　　为防止计算机病毒和黑客入侵，负责制定安保政策，设置防火墙。也负责开发杀毒软件，以及恢复被破坏的数据。需要具备计算机工程和信息通信工程方面的专业知识。

●量子计算机专家

　　现在的计算机是用半导体制造的，体积很难进一步缩小。为了在更小的芯片中储存更多的信息，量子计算机被研发了出来。量子计算机专家的工作就是研究被称作"未来计算机"的量子计算机。

●生物机器人专家

　　开发能够替代假肢等人工假体的机器人的专家。不仅要了解医学，还要了解机器人和 3D 打印技术。据说目前正在开发可以进入血管治疗血管疾病和心脏疾病的机器人，所以，生物机器人专家也需要学习超小型机器人会用到的纳米技术。

●记忆手术医生

　　利用发达的人脑工程技术，消除不良记忆的职业。利用脑电波或在大脑中植入芯片，可治疗强迫症和精神创伤等精神疾病；在大脑的特定部位施行手术，也能治疗智力障碍和恶性脑肿瘤。

记忆手术医生

●智能保健专家

管理通过可穿戴设备和物联网收集的健康信息的职业。智能保健是用可穿戴设备检查个人生活习惯和健康状况的个性化健康管理服务。随着人类寿命的延长，这项服务会变得必不可少。

● 3D 打印专家

运营 3D 打印机，根据顾客的要求打印产品。如果具备计算机科学或计算机图形学的知识和创造力就更是锦上添花了。3D 打印专家可以在医疗、文化艺术、公共领域等多个领域工作。

智能保健专家

●智能农场构筑师

设计和管理智能农场，让人们可以随时随地管理农作物。要研究如何高效培育农作物和饲养家畜，不仅需要掌握机械工程和计算机工程的专业知识，还要具备丰富的农业知识。

智能农场构筑师

无人机驾驶员

●无人机驾驶员

通过遥控装置操纵无人机的专家。可以参加无人机比赛，也可以参与无人配送、节目录制等多种活动。需要取得超轻飞行装置驾驶执照，学习地理和安全等方面的知识。

●无人驾驶汽车工程师

开发或管理无人驾驶汽车的职业。要让无人驾驶汽车在没有驾驶员的情况下安全到达目的地，需要用到能读取道路状况的影像技术、位置确认系统、传感器技术等多项技术。除了学习汽车工程，也需要了解计算机工程、软件工程、物联网和大数据等领域的知识。

激光雷达正常

雷达正常　　GPS已连接

无人驾驶汽车工程师

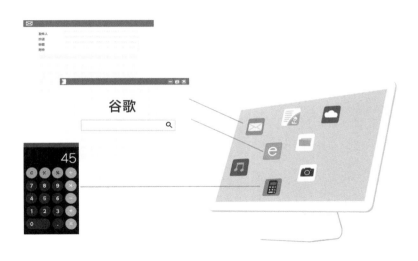

● **虚拟现实专家**

　　用计算机程序创造虚拟现实的职业。即利用计算机图像技术编程来设计虚拟现实系统。不仅要学习计算机工程、软件工程、信息处理方面的知识，也要学习设计。

● **生命科学研究员**

　　研究遗传工程、微生物、动物、植物等与生命科学相关的职业。可以分析基因特性，也可以研究动植物克隆和病毒问题。需要学习生物学、生物工程、微生物学和遗传工程等方面的知识。

● **应用软件开发者**

　　从事软件开发和设计工作。负责把开发的程序收集起来，结合应用系统进行分析和管理。需要熟悉应用软件工程、信息通信工程和计算机工程等领域。

生命科学
研究员

●顶级体验专家

为顾客提供必要的服务和产品，给顾客带来最佳体验的职业。负责消费者从购买物品到使用结束全过程的服务。目标是让顾客获得幸福感和满足感。需要学习经营学或经济学，也要具备其他相关领域的知识。

●燃料电池专家

研究开发高能效燃料电池，比如无公害汽车和不充电电池等，和可替代能源的开发关系密切。现阶段主要从事氢燃料电池等产品的开发工作，发展前景非常值得期待。需要学习电气工程、化学工程、环境工程、机械工程、材料工程、控制和测量工程等方面的知识。

●大数据专家

分析和利用大数据的专家。研究如何分析和使用大数据。由于涉及统计学的分析方法，需要学习统计学、计算机科学和工业工程等方面的知识。

●金融技术专家

将 IT 技术应用至金融领域的专家。通过分析大数据开发金融服务，并通过移动通信、社交媒体提供金融信息和金融商品。由于需要深度分析金融信息，拥有分析和判断能力是非常重要的。想成为金融技术专家，不仅要熟悉经济和经营领域，也要具备统计、会计、软件等方面的知识。

燃料电池专家

使用传感器和通信技术，研究如何让各种物体通过网络实时交换信息的职业。目标是为了让生活变得更加便利，需要有卓越的创造力。需要了解计算机工程、电子工程、控制和测量工程等领域的专业知识。

新科技、新时代，我准备好了！

第四次工业革命正以不可阻挡之势来临！但是，我们不必对飞速变化的社会感到恐惧！我们唯一需要做的是理解日益变化的社会潮流。第四次工业革命的核心是发达的人工智能，以及通过物联网将所有东西连接起来的技术。另外，虽然个人成为中心，但比起拥有物品，更重要的是共享物品。除了计算思维，接受与其他领域融合的思维也很重要，这样才能成为引领新潮流的人。我们不妨从现在开始静下心来想一想，自己想做什么，又擅长什么，未来的路就会变得更加清晰。接下来只需大步向梦想迈进！没有必要惧怕未来，在不断变化的未来，青少年朋友可以在众多领域大展身手！

图书在版编目（CIP）数据

我爱新科技：改变未来的 20 个前沿技术 /（韩）丁允宣著；（韩）禹延熙绘；叶蕾蕾译 . -- 北京：中信出版社，2024.6
ISBN 978-7-5217-6414-7

Ⅰ . ①我… Ⅱ . ①丁… ②禹… ③叶… Ⅲ . ①科学技术—少儿读物 Ⅳ . ① N49

中国国家版本馆 CIP 数据核字（2024）第 055674 号

我爱新科技：改变未来的20个前沿技术

著　　者：［韩］丁允宣
绘　　者：［韩］禹延熙
译　　者：叶蕾蕾
出版发行：中信出版集团股份有限公司
　　　　　（北京市朝阳区东三环北路27号嘉铭中心　邮编　100020）
承 印 者：北京启航东方印刷有限公司

开　　本：889mm×1194mm　1/16　　印　张：8.5　　字　数：170千字
版　　次：2024 年6月第1版　　　　印　次：2024 年6月第1次印刷
京权图字：01-2023-3107
书　　号：ISBN 978-7-5217-6414-7
定　　价：58.00元